新 一 代 人 的 思 想

一嚼两千年

从药品到瘾品，
槟榔在中国的流行史

曹 雨———著

中信出版集团 | 北京

图书在版编目（CIP）数据

一嚼两千年：从药品到瘾品，槟榔在中国的流行史 /
曹雨著 . -- 北京：中信出版社 , 2022.6
ISBN 978-7-5217-3962-6

I. ①一⋯ II. ①曹⋯ III. ①槟榔－饮食－文化史－
中国 IV. ① TS971.202

中国版本图书馆 CIP 数据核字（2022）第 016180 号

一嚼两千年：从药品到瘾品，槟榔在中国的流行史
著者：曹雨
出版发行：中信出版集团股份有限公司
　　　　（北京市朝阳区惠新东街甲 4 号富盛大厦 2 座　邮编　100029）
承印者：文畅阁印刷有限公司

开本：880mm×1230mm　1/32　　印张：10
插页：4　　　　　　　　　　　　字数：206 千字
版次：2022 年 6 月第 1 版　　　印次：2022 年 6 月第 1 次印刷
书号：ISBN 978-7-5217-3962-6
定价：68.00 元

献给我的母亲

她教我认识了辣椒和槟榔

目　录

推荐序

"高高的树上结槟榔，谁先爬上谁先尝……"《采槟榔》这首歌曲大家耳熟能详，很多人误以为它是台湾民歌或者海南民歌，其实它是湖南湘潭人黎锦光创作的流行歌曲。黎先生基于湖南花鼓戏双川调和湘潭食槟榔习俗，在20世纪30年代创作了《采槟榔》，这间接反映了食槟榔习俗在湘潭的传播历史与流行程度。

湘潭有嚼槟榔的习俗，我生长在湖南湘潭，因此从小就对槟榔很熟悉。我用"熟悉"这个词，是因为在那个物资匮乏的年代，仅有过年的时候才有槟榔定量供应。我小的时候，父亲想要过一把槟榔瘾，可是又买不到食用槟榔，就让我到中药铺去抓一些药用的槟榔片来解馋。那时候，很多湘潭人都有类似的经历。改革开放以后，槟榔供应才开始多起来。那时候我从广州放假回家，可以见到大街小巷遍布槟榔摊，满街的男女大都嚼着槟榔。那时，槟榔没有工业化生产，也没有真空包装，都是各家各户自己制作的，大部分家庭也没有冰箱，因此，槟榔仅在湘潭及附近的县市流传。后来，有了真空包装和工业化生产，槟榔开始逐渐流传到全国。我大概是在槟榔货源有保障以后才开始养成嚼槟榔这种嗜好的。也因此，总有朋友问我，湘潭不产槟榔，为什么湘潭人会嚼槟榔？于是，我就开始关注起槟榔的研究来，前后发表了三篇与槟榔相关的文章：一篇全面讨论食槟榔习俗，包括食槟榔的历史及区域分布，湘潭人嚼槟榔的来源和流传；一篇论述湘潭槟榔从奢侈品到药品到成瘾性零食的形成过程，以及湘潭槟榔文化的形成；还有一篇分析湘潭人食槟榔的来源的故事与成因，以及与地方社会的关联。

曹雨博士毕业后，在我这里做完博士后，又做专职研究员，因此常常见到我嚼槟榔。他自己也尝试过，由此引发了他对槟榔研究的兴趣。曹雨，按现在的话来说是"学二代"，按过去的话来说是书香门第，其父母与我一样，都是恢复高考后的第一批大学生，毕业后在大学教书。中国常有"富不过三代"之说，那是针对经商者的，而对读书人则没有这样的说法，反而是"耕读传家"经久不断的故事有很多。所以曹雨虽然读书读到博士，但并没有显出"专"和"傻"，反而展现出"博"和"灵"。他的英文很好，有扎实写作的基础，同时知识面广、思维敏捷。他在我的门下，开始一直苦于寻找合适的研究方向，他原来做国外的民族关系研究，话题有些敏感，文章不好发；他一直想跟我去做田野调查，想学习用人类学的方法做研究，可是他经常需要照顾家庭，很难抽出较长一段时间出门做田野调查。我就跟他讲，寻找你喜欢的东西做研究，他说他喜欢吃，是地地道道的"吃货"。我就说，你可以做"饮食人类学"的研究啊！刚好我们系的特聘教授陈志明先生开设这门课，每年还举办国际饮食人类学的会议，一些国际的顶级人类学家也是会议的常客加"吃货"！他听了以后很感兴趣，真去参与了他们的活动。他做饮食研究，自从出版《中国食辣史》以后便一发而不可收。一本研究辣椒的书，没有想到成了畅销书，他不仅赚到了稿费，还受邀到处去演讲，收获了不少书迷。他第二个题目是槟榔，这次更是轻车熟路，很快又交出了厚厚的一本书稿。

对于饮食的研究，也许有人会不屑一顾，觉得没有什么价值。其实，对于研究者来说，没有什么题目是不可以做的，问题是怎么做，只要立意高、切入点好、方法得当即可。从事盐、糖、茶、咖啡、烟草相关研究的不乏各个学科的大师，比如常来我系参加饮食人类学研讨的西敏司，以写糖闻名全球；季羡林先生晚年最重要的研究成果是《糖史》；陆羽的《茶经》至今无人不晓。民以食为天，食品对于当代人的意义不言而喻，而有待深入研究的食品还有很多，这是一个大有前景的研究方向。首先祝贺曹雨选择了一个有前景的研究方向，我常说一个人的研究能与兴趣相结合是人生一大幸事，作为一名"吃货"，能把食品作为研究的对象绝对是一件幸事！同时祝贺曹雨的大作即将问世，也祝愿曹雨的饮食研究更上一层楼！

是为序。

周大鸣

2021-9-13 于斯盛堂

本书要讨论的几个问题

今天中国人所熟悉的槟榔，大多是街头巷尾的小卖店所售卖的包装干制槟榔。大概在 2000 年以后，这种来自湖南湘潭的特色产品就开始逐渐遍及大江南北，在遥远的新疆、西藏、东北均可见其踪迹。我们难免对此产生疑问，为什么在短短的数十年间，这种原本只流行于湖南一隅的物产得以快速地传播到全中国？是什么原因驱动了湘潭槟榔的传播？是湘潭的人口迁徙，还是湘潭槟榔商家的市场运营，抑或是别的什么原因？

如果我们对身边的事物稍加留心，那么就会发现消费包装干制槟榔的人群有特别明显的职业特征。除了湘潭及其周边地区的人以外，其他地方喜欢嚼食槟榔的，大多是客货运输司机、工厂夜班工人以及电子竞技从业者。除了湖南长株潭地区以外，其他地区售卖槟榔的店铺也特别集中于加油站、汽车维修厂、物流货场、工厂区域和大型网吧附近。如此集中的职业和地理分布特征，不禁让我们产生疑问，是什么原因使得这部分人群养成了嚼食槟榔的癖好？当代槟榔的传播有着什么样的特殊规律？

对文史知识比较熟悉的读者也许还知道，中国人认识槟榔的时间已经超过 2 000 年了，各种文学、史学文献中关于槟榔的记载非常丰富。比如李煜的"烂嚼红茸，笑向檀郎唾"，还有《红楼梦》里尤二姐随身带着不给别人吃的"槟榔荷包"。另外，熟悉中国古代婚聘礼仪的朋友也许还知道，槟榔曾经是古代南方婚礼中不可缺少的礼物，这种赠送槟榔的习俗在中国南方的一些地区至今仍然有所保留。槟榔似乎与男女之事有种不可言说的神秘关系，为什么槟榔会产生这方面的隐喻？槟榔与男女之间的关系有着怎样的历史渊源？

经常旅行的朋友会发现，除了在中国大陆流行嚼食干制槟榔外，中国最大的两个岛屿——台湾岛和海南岛——也都流行嚼食槟榔，但台湾和海南的人们通常嚼食新鲜槟榔，且将其与蒌叶*和石灰一并嚼食。同时我们还知道，虽然干制槟榔的流行始于湘潭，但是湘潭并不产槟榔，而是依赖从海南购入槟榔成就本市的槟榔加工产业。为什么在远离槟榔产地的湘潭会有嚼食槟榔的习俗？新鲜的和干制的，这两种消费槟榔的方式之间有什么差别？为什么会有这样的差别？槟榔究竟起源于何方，是谁嚼食了第一颗槟榔？槟榔是怎样传入中国的，第一个把槟榔介绍给中国人的人是谁？

对中医知识有所了解的朋友也许会知道，槟榔是一种重要的

---

* 蒌叶，今台湾文献常写作"荖叶"，传世广东文献皆记作"蒌"，从粤。

中药材，中医各家普遍认为槟榔有杀虫、截疟、辟瘴、消积、行气和利水的功效。槟榔曾经对汉民族向南方的扩展有着特别重要的意义，也曾经在中国历史上的一段时期里成为贵族们的嗜好品。这种异域植物是怎样进入中国人的视野的？又是如何被中国人发现其药用价值，并且被利用于征服和战争的？槟榔作为一种食物和药品，它在中国饮食文化中的阶级属性、文化属性是怎样随着历史的变迁而变化的？

当今社会流行一句关于槟榔的俗语——"槟榔配烟，法力无边"。与流行于中国仅 400 余年的烟草相比，槟榔在中国流传的历史要长得多。可是同样属于成瘾性嗜好品的槟榔，为什么没有像烟草那样得以普遍流行？换句话说，为什么是烟草、咖啡、茶叶这些嗜好品行销全球，而槟榔却只能屈居于亚洲一隅？这背后有着怎样的历史背景和社会经济原因？未来槟榔还有没有可能成为流行全世界的嗜好品？

现代医学已经证实嚼食槟榔与口腔病变有密切关联，许多槟榔食品生产企业也不得不公开承认嚼食槟榔有损口腔健康。笔者写作此书，目的在于提升大家对槟榔的认知，但并不希望大家去尝试嚼食槟榔，也希望有嚼食槟榔习惯的人早日戒除这种损害健康的嗜好。本书考据和论证槟榔与人类社会的各种关系，从考古学、历史学、社会学和人类学的角度考察槟榔，是以一种格物致知的态度来与读者们共同增长学识。

一件事物，当我们把它放在贯通的、全局的视野下，也许会得到完全不同的认知。对于槟榔的研究，还是缺乏一个通史性的、全局性的研究作品，因此便有了本书存在的空间与价值。另外，现存的有关槟榔的研究当中，有两类问题是几乎没有被阐发过的：其一是关于槟榔在中国饮食文化的阶级谱系中的地位问题；其二是槟榔在最近10余年的扩散问题，这个问题非常有价值，但是目前学界并没有对此进行深入的讨论。

本书意在梳理槟榔的历史，将有关槟榔的礼俗进行较为完整的记录和比对，对槟榔与中国饮食文化的阶级谱系之间的关系进行解释，并由此阐发出一系列的历史学、人类学、社会学、民族学的议论。本书以中文写作，因此会比较侧重槟榔在中国及汉字文化圈的历史。关于槟榔在全球的历史，本书也会兼顾，参考中英文的各种文献，试图囊括槟榔历史的全景。不过关于槟榔的许多早期记录是以梵文写成的，而槟榔在印度文化中又尤其重要，可惜笔者不懂梵文和印地文，因此只能阅读英文翻译的这部分历史文献，对于槟榔在南亚的早期历史可能会有所疏漏。

第一章

从黑齿国到孔雀王朝和阿拉伯：
全球史中的槟榔

世界上最早嚼食槟榔的是南岛语族（Austronesian，南岛语系诸民族）的先民，他们的扩张足迹遍及西起马达加斯加岛、东至复活节岛的广阔海域。槟榔作为一种驯化植物，其种植区域也伴随着南岛语族遍及整个印度洋和太平洋的岛屿及沿岸的热带地区。不过南岛语族并没有原生的文字系统，更遑论书写历史的传统，这导致槟榔的早期历史已经几乎湮灭，后人只能依靠零星的考古遗址发现来推测。

槟榔是南岛语族对人类成瘾品的重大贡献。最早和南岛语族发生接触，并且沾染上嚼食槟榔习惯的，是印度文明和华夏文明。南亚的印度文明开始嚼食槟榔的时间非常早，从语言学的证据推导，大约在 3 500 年前，南亚次大陆上就已经有人接触到槟榔，甚至开始嚼食槟榔了。而汉字记载槟榔最早可以追溯到汉武帝时期，距今也有约 2 200 年了。

虽然在欧洲地理大发现时代以前，波斯人和阿拉伯人很早就接触到了印度嚼食槟榔的习俗（公元 8 世纪前后），但是由于槟榔生长对气候的要求很严苛，不能在热带以外种植，中世纪的欧洲人对这种植物完全没有认知。最早接触到槟榔的欧洲人之一是马可·波罗，时间大约在 14 世纪。随着欧洲殖民者在亚洲扩张，葡萄牙人、西班牙人、荷兰人和英国人都曾在亚洲（主要是南亚和东南亚地区）与槟榔发生过密切的接触；不过嚼食槟榔的习俗始终没有随着殖民者的贸易而被推广至世界的其他角落，至今仍然是亚太地区所独有的民俗。

第一节　槟榔的史前史

槟榔，原产于马来半岛或菲律宾群岛，由于中文"槟榔"与马来语槟榔"Pinang"音近，很可能音译自马来语，所以中文文献一般说槟榔源自马来半岛，但根据现有的考古证据来看，槟榔更有可能来自菲律宾群岛。本书在后面的章节中将对槟榔的释名进行专门辨析，此处不做赘述。

人类嚼食槟榔的历史可以追溯到史前时代，根据考古发现和碳定年法可推定，目前最早的嚼食槟榔的确凿证据——一个新石器时代的人类遗迹——出自菲律宾巴拉望岛的都扬洞（Duyong Cave, Palawan）。都扬洞中出土的人类牙齿上有明显的槟榔染色痕迹，根据碳定年法可推测，时间大约是公元前 2660 年。此外，该遗址还出土了盛有蚌灰的蚶壳。[1] 根据这些证据，我们可以猜测大约 4 700 年前的人已经知道将槟榔和石灰一同嚼食，这与现在海南岛、台湾岛，乃至整个东南亚和南亚嚼食槟榔的方法几近相同。

槟榔嚼食是一种带有显著族群特征的成瘾习俗，从当今槟榔嚼食区域的分布情况来看，南岛语族既是嚼食槟榔的发明者，也是将其贯彻至今的实践者。南岛语族的这一习俗还深深地影响了他们北方的邻居，南亚次大陆、中南半岛、东亚沿海的诸民族都在与南岛语族接触的过程中或多或少地沾染了嚼食槟榔的风气。

南岛语族是对同属"南岛语系"或称"马来-波利尼西亚语系"的诸多族群的统称，他们在民族语言上有着亲缘关系，在文化内涵上也有相似之处。南岛语族大致分布在大洋洲与东南亚的岛屿和半岛上，北至台湾岛，南至新西兰，东至复活节岛，西至马达加斯加岛，现在的人口接近4亿。南岛语族特别擅长航海，其先民早在4 000年前就发明了远洋航行技术，他们首创的双体船可以实现长距离的海上航行。南岛语族的起源有多种假说，数十年来，广受学界认可的说法是源自台湾岛。根据彼得·贝尔伍德（Peter Bellwood）提出的南岛语族源出台湾说，大约在公元前3000年，南岛语族的先民从台湾岛南部出发，迁移到菲律宾群岛，然后分为东西两支：西支于公元前2500年前后再迁移至苏门答腊岛和婆罗洲，然后逐渐遍及巽他群岛和中南半岛的沿海地区；东支于公元前2200年前后扩散到密克罗尼西亚群岛，再逐渐向广袤的太平洋进发，于公元前1300年前后遍及美拉尼西亚群岛。到了公元1000年前后的时候，南岛语族的子孙已经遍及太平洋中部最分散、离大陆最遥远的波利尼西亚群岛。[2]

彼得·贝尔伍德后来又进一步地将南岛语族的起源推导到亚洲大陆东南沿海地区，认为南岛语族可能由华南迁徙而来，也许与侗傣民族或南亚民族有亲缘关系。华南诸多族群在中国古籍中通常被模糊地统称为古百越人，并且提及他们有"雕题黑齿"的习俗。据贝尔伍德的研究，南岛语族从大陆迁徙到台湾岛的年代大约是公元前4000年，大约在公元前3000年开始从台湾岛向菲律宾等太平洋岛屿扩散。[3]

南岛先民居住过的台湾岛，也曾出土过一些有嚼食槟榔痕迹的古人牙齿。位于台东县的卑南遗址，是目前台湾岛所发现的最大的史前聚落。该遗址存在的年代大约是公元前3300年至公元前300年，其中又以公元前1500年至公元前300年最为兴盛。此地出土了超过1 500座石板墓（石板棺），墓主的牙齿多有嚼食槟榔的痕迹，经碳定年法测定时间在公元前1500年至公元前800年之间。[4]卑南遗址中所测定的槟榔的出现时间比巴拉望岛都扬洞遗址的要晚许多，说明嚼食槟榔的习俗有可能是由移居巴拉望岛的居民反传回台湾岛的，两个遗址的嚼食槟榔证据之间相隔大约有1 000年的时间，这么长的时间足以使这种习俗在同源族群之间相互传递。假如槟榔这种植物确实原产自菲律宾群岛，那么嚼食槟榔的习俗就很可能是南岛语族在出台湾岛、迁移至菲律宾群岛以后才形成的，继而随南岛语族的扩张而得以传播。从马来群岛和太平洋诸岛各地的考古发现来看，经碳定年法所测定的有嚼食槟榔痕迹的人齿的年份，大致上与南岛语族殖民者到达这些地方的时间相吻合。

南岛语族在文化上有其独特之处，其中最显著的外貌特征就是中文历史文献中经常描述的"雕题黑齿"，即在面部刺青和染黑牙齿（或在牙齿上凿花纹，因此有的文献也作"凿齿"），黑齿的外貌表现和嚼食槟榔有很大关系，虽然能使牙齿变黑的植物碱不止槟榔一种，但嚼槟榔是最普遍的方法。南岛文化普遍认为黑齿是人与动物的基本区别。因为黑齿是一种文化标识，即由后天行为造就，而白齿则是自然天成的，故而嚼食槟榔的现象在几乎所有的南岛语族社群中都存在。[5]不只是在南岛文化圈内，在整个亚洲太平洋沿岸地带，北起本州岛，一路顺琉球群岛、台湾岛、菲律宾群岛、海南岛、越南、马来半岛、巽他群岛、新几内亚岛，南至美拉尼西亚群岛的太平洋西岸沿海文化中，染黑齿都是一种普遍现象。日本自埴轮时代（250—538年）到1870年（明治政府下令禁止染黑齿，作为文化革新的一部分）都有很明确的染黑齿的记录。在江户时代（1603—1868年），黑齿是美女的标志，一口白牙的女性是不被社会认可的。当时日本少女到13岁便开始染黑齿，用一种名为"铁浆水"的染料给牙齿上色，需要持续数年才能使牙齿半永久地变黑。目前还没有明确的证据证明日本人和南岛语族之间有无亲缘关系。据研究，日本人染黑齿的习俗很可能习得自西面的百济，而处于朝鲜半岛西南的百济很有可能是受到南岛语族的影响而产生了黑齿习俗。[6]由于日本列岛不产槟榔，因此当时的日本人只能另辟蹊径，用铁浆水染齿。现代人可能很难接受以黑齿为美的观念，然而在数千年的时间里，曾经有那么多的民族以黑齿为美，甚至将其视为女性魅力的一个要素。如果站在南岛先民的角度来看，一口白白的牙齿多么像动物呀，黑黑的牙齿才能显示出人有别于动物的文化属性，而黑齿在大多数情况下，是由长期嚼食槟榔造成的。这样就使得槟榔进一步地嵌入南岛文化当中，更加难以被割舍了。

中国古代文献经常有关于"黑齿"的记载，如战国时期文献中，《山海经·大荒东经》有云："有黑齿之国。帝俊生黑齿，姜姓，黍食，使四鸟。"《楚辞·招魂》有云："魂兮归来！南方不可以止些。雕题黑齿，得人肉以祀，以其骨为醢些。"《战国策·赵策二》有云："黑齿雕题，鳀冠秫缝，大吴之国也。"战国时期的相关记载表明，当时的人们已经注意到大约在东南方有些部落有染黑牙齿的习惯，且通常会同时在面部刺青，即黑齿和雕题。从海南省博物馆保存的资料来看，迟至 20 世纪中叶，海南中央山地的世居民族仍有染黑齿和面部刺青的明确影像记录。《楚辞·招魂》更加详细提到的"得人肉以祀，以其骨为醢些"，似乎与南岛语族猎头祭祀的传统有所关联。不过战国时期的文字记载并没有指出确切的地理位置，记载也较为不精确，很可能是依据传言记载而非实地所见。

《后汉书》的记载更加明确和翔实，《后汉书·东夷列传》有云：

> 桓、灵间，倭国大乱，更相攻伐，历年无主。有一女子名曰卑弥呼，年长不嫁，事鬼神道，能以妖惑众，于是共立为王……自女王国南四千余里，至朱儒国，人长三四尺。

自朱儒东南行船一年，至裸国、黑齿国，使驿所传，极于
此矣。[7]

如果邪马台国（上文提到的倭女王国）在今日本九州岛，那
么向南4 000里（汉代1里约为415.8米）的所谓朱儒国很可能
是指台湾岛。这里描述的三四尺高的人，以汉尺计约为一米，很
可能是矮黑人，亦称尼格利陀人（Negrito），台湾少数民族至今
仍有关于矮黑人的传说。[8]再从台湾向东南行船一年，应可到达
马里亚纳群岛附近，抑或是更偏南的加罗林群岛。无论是哪个岛
群，岛屿上的定居者都是密克罗尼西亚人，《后汉书》中关于裸
国、黑齿国的描述，都符合密克罗尼西亚人的习俗。

近年来，不少学术成果将南岛语族的起源地进一步溯源至亚
洲大陆东南沿海地区。[9]此类观点在南岛语族台湾源出论的基础
上，向前推导了南岛语族的大陆起源。此类观点亦得到了不少考
古证据的支持，如中山大学人类学家梁钊韬发现广西贵县罗泊湾
出土的西汉初期墓葬品中，一面铜鼓上的双体船纹的表现形式与
太平洋上的双体船极为相似，进而研究发现夏威夷人崇拜的水神
名为"Tangaroa"，读音与粤语的"疍家佬"极为相近，从其他
材料的辅证来看，这不是偶然的对音。东萨摩亚的波利尼西亚
人语言中部分词与粤语接近，如东萨摩亚人称"杯"为"ipu"，
与粤语"一杯"相似；称"埋葬死人"为"masi"，与粤语"埋
尸"相似。[10]美国学界亦有类似的看法，沃德·古迪纳夫（Ward
Goodenough）认为南岛语族很可能源自中国长江下游的新石器时

期文化，即良渚文化和河姆渡文化。[11]

虽然在如今中国大陆南方的新石器时代遗址中尚未出现过有关人们嚼食槟榔的证据，但秦汉时期中国史籍记载的岭南土著居民有嚼食槟榔的习俗是确凿无疑的。台湾岛卑南遗址所发现的嚼食槟榔证据说明嚼食槟榔的习惯已经发生了跨海传播，那么这样看来，中国东南沿海的嚼食槟榔习俗，也极有可能由南岛语族的航海者们传来。毕竟南岛语族是极为擅长航海的民族，其中的一部分人航行至大陆沿海地区，并且定居下来，这种事情在历史上一再发生。可以明确的是，越南南部的占城人，海南岛的回辉人，都是南岛语族的后裔。

我们现在还不能确定的两个问题是，南岛语族的先民们是何时开始种植槟榔的？人们又是何时开始将石灰和蒌叶与槟榔同嚼的？根据现有的植物考古学研究成果可知，槟榔是一种广泛分布于东南亚地区的野生植物，人们很可能一开始采集并试吃了野生的槟榔果实，如同采集其他野生植物并试吃一样，后来发现嚼食此物后有独特的感觉，进而逐渐有意地采集槟榔。由于野生槟榔在整个东南亚颇为易得，因此南岛语族可能很久之后才开始有意地种植这种植物。在采集槟榔的过程中，以捕鱼为原始生计模式的南岛先民很可能使用了蚌壳作为盛放槟榔的容器，继而在食用槟榔的过程中发现将蚌壳烧炙而得的蚌灰与槟榔同嚼能够降低槟榔的涩味，然后逐渐形成食用的固定搭配。搭配蒌叶可能要更迟一些。蒌叶是一种具有芳香辛辣气味的香叶，它是胡椒科胡椒属的攀缘藤本植物，味道也与胡椒相似，在中国古代被称为蒟酱、扶留藤、土荜茇。用其果穗做成的酱也叫蒟酱，是古代辛辣味道的来源之一，也是古代中国较为昂贵的调味品。嚼食蒌叶的传统可能是单独发生的，后来才逐渐与槟榔和石灰的嚼食合并成一种惯习，不过因为蒌叶极易腐烂消解，且单独嚼食蒌叶不会在牙齿上留下明显痕迹，所以目前并没有单独的关于蒌叶嚼食的考古发现。以上这些推测都还没有得到考古学证据的证实，也许我们永远也无法确知上述两个问题的答案。当有文字记载传统的古代印度和中国文明接触到无文字的南岛语族时，槟榔、石灰和蒌叶同嚼已经是南岛语族的一种习惯了，因此槟榔的嚼食出现在人类文字记载的历史中时，就已经伴随着石灰和蒌叶了。

第二节　古印度历史中的槟榔

由于南岛先民并没有自己原创的文字*，其关于槟榔的历史记忆只能依靠口口相传的传说和故事印证，然而传说和故事并不是可靠的历史，因此要追溯槟榔的历史，还得参考北边有文字书写传统的印度和中国的相关记载。古印度关于槟榔的文字记载最早，数量也很多，至今印度仍是嚼食槟榔的第一大国。

---

* 南岛语族最早的书写系统是卡维文（Kawi script），创制于公元 8 世纪，系受泰米尔人的影响，从南亚的帕拉瓦文衍生出的字母文字书写系统，传世文本极少。因为东南亚地区夹在印度文明和华夏文明之间，所以在欧洲殖民势力入侵东南亚以前，梵文书写系统是东南亚最重要的文字创制原型，而汉字书写系统主要对中南半岛北部产生影响，喃字即以汉字为基础创制本民族文字最典型的例子。

南亚 [*] 关于槟榔的考古发现很少，因此大多数学者都依赖语言学和历史文献的考证来综合推导出槟榔进入南亚地区的时间，以及其扩散的轨迹。根据托马斯·J. 赞伯伊齐的语言学考证可知，印度南部的达罗毗荼人很可能是最早接触到槟榔的。槟榔在南印度诸语言中的发音比较接近，在泰米尔语中是 Addakai，在马拉雅拉姆语中是 Adakkamarom，在坎纳达语中是 Adike，总的来说都有 a-da-kay 的音节。这种发音可能是从早期南岛语系的某个西支语族而来，由于南岛语系的西支语族已经分崩离析，我们很难追溯到确切的词源。根据语言学的分析，槟榔和蒌叶皆非南亚原产，而是在原始达罗毗荼语大分裂以前，也就是公元前 1500 年前后进入南亚地区的。[12] 与槟榔和蒌叶同时从马来群岛被引进南亚地区的还有椰子和檀香木，这些来自南岛语族的异域植物后来对南亚文化产生了深远的影响，我们很难想象没有这些香料的印度教和佛教祭祀仪式，因此也可以说外来的香料改变了南亚人的审美，促进了南亚和东南亚之间的贸易与交流。古代东南亚的各种文字，几乎都受到了古印度文字的启发或直接影响。

在吠陀时代（公元前 1500—公元前 600 年）终结以前，古印度南北之间的交流是比较少的，虽然槟榔在公元前 1500 年前后就已经传到了南印度的达罗毗荼人当中，但是北方以梵文书写吠陀经典的雅利安人似乎并不了解这种植物。两部最重要的印度史

---

* 包括当代七国：印度、巴基斯坦、孟加拉国、尼泊尔、不丹、斯里兰卡、马尔代夫。

诗《摩诃婆罗多》(*Mahābhārata*)和《罗摩衍那》(*Rāmāyaṇa*)中,完全没有关于槟榔的记载。这也印证了在佛教和摩揭陀王国兴起以前,印度南北之间的两大族群系统,即北方的雅利安系统和南方的达罗毗荼系统之间的交流是很少的。

斯里兰卡(旧称锡兰)的文献是南亚文献中最早以明确的时间记录槟榔的。这里要简单介绍一下古印度文本的独特属性,古印度很少有直接记录历史的文献资料,他们更偏向于以史诗式的文本来记录半真实、半传说的故事,这给后世研究古印度历史带来了大麻烦——年月无从考、人物半真假、事件夹传说。不过斯里兰卡是古印度文化之中的异类,这些来自北印度的移民非常重视自己的传统和世系,也许是因为他们的渡海移民身份。斯里兰卡虽然地处南亚次大陆以南,但是它的主要居民僧伽罗人源自今孟加拉国一带,其文化也是属于北印度系统的,僧伽罗语深受古印度梵文和巴利文的影响,后者是摩揭陀王国,也是佛陀主要使用的语言。

约成书于 4 世纪的编年史书《岛史》(*Dipavaṃsa*)和约成书于 5 世纪的《大史》(*Mahāvaṃsa*)中都有关于槟榔的记载,是北印度诸文体中现存最早的关于槟榔的历史记录。《岛史》中记录了阿育王派遣佛教僧侣前往斯里兰卡传教的事迹,其中提到了阿育王在公元前 270 年的一次祭祀奉献:

> 那时,神仙们总是带着神圣的牙签和蒌叶,它们在山上长得很香,很柔软,有光泽,很甜,充满汁液,令人愉

悦……还有神圣的甘蔗，一些槟榔果和一块黄色的布。[13]

这段描述与《大史》中的另一个故事相呼应，故事发生在阿育王加冕 4 年后，当时阿育王正皈依佛教，据说他向佛教僧众分发了大量的"牙签和槟榔叶"。[14] 这些故事都是为了说明阿育王对佛教的虔诚和慷慨，当然也说明了在阿育王在位期间（公元前 273—公元前 236 年），他的王城巴连弗邑（Pāṭaliputra）中是有槟榔供应的。《大史》中还有一段关于槟榔的记载，僧伽罗人的国王杜多伽摩尼（Duṭṭhagāmaṇī，公元前 161—公元前 137 年在位）在他的王城阿努拉德普勒建起了一座大舍利塔，此舍利塔至今尚存，中文文献中一般称其为无畏山舍利塔，东晋名僧法显在他的《佛国记》中也曾描述过此塔：

王于城北迹上起大塔，高四十丈，金银庄挍众宝合成。塔边复起一僧伽蓝，名无畏，山有五千僧。[15]

国王杜多伽摩尼在建塔期间曾赏赐给建筑工人金钱、衣物、食物、香花，还有所谓的"Mukhavāsakapañcaka"——意为"五种香口物"。[16] 根据 9 世纪的注文可知，五种香口物是含有樟脑的一种槟榔嚼块，如果这份材料属实，那么这应该是最早的槟榔混合嚼块的证明。

虽然北印度并无关于槟榔的史籍类文献记载，但槟榔一再地出现在吠陀时代的医学典籍当中。吠陀时代的医学，在汉语中一般被称为梵医，即"Ayurveda"，Ayur 是生命的意思，Veda 是知识的意思，合在一起就表示"生命的知识"之意，当代音译为阿育吠陀。吠陀时代的古印度迦尸国的外科医生妙闻[*]著有《妙闻本集》(Suśruta Saṃhitā)，其中将槟榔作为一种药品来记载。

> 以蒌叶包裹粉状的樟脑、豆蔻、荜澄茄[†]、丁香、香葵籽[‡]、青柠、槟榔做成嚼块，可以缓解过多的流涎，对心脏有好处，还可以治疗咽喉疾病。应该在起床后、进食后、洗澡后或呕吐后尽快食用。[17]

比《妙闻本集》稍晚一些出现的《遮罗迦本集》(Caraka Saṃhitā)，大约成书于 1 世纪，详细地记载了槟榔的用途：

> 人要保持清醒、品味优雅和气味芬芳，应该在口中常嚼豆蔻、香葵籽、槟榔、荜澄茄、砂仁、丁香、鲜蒌叶、樟脑油。[18]

把这两段记载与建筑无畏山舍利塔的工人得到的"五种香

---

[*] 妙闻（Suśruta，音译：苏胥如塔），大约生活于公元前 7 世纪到公元前 6 世纪的古印度，外科医生，阿育吠陀学者，《妙闻本集》的主要作者。他与遮罗迦被人们视作"印度外科学之父"。

[†] 荜澄茄，也叫作山胡椒、木香子、山鸡椒、木姜子等名，中药常用。

[‡] 香葵籽，也叫作黄葵籽、麝香葵籽，由锦葵科秋葵属中一种开黄花的植物的种子干燥后而得，有麝香味。印度名贵香料。

口物"相对照，我们可以知道在公元前 1 世纪前后的南亚地区，将槟榔和其他诸多的香料混合咀嚼，已经是一种人们用以维护口腔卫生的习惯。唐代高僧玄奘在印度那烂陀寺求学期间，每日可得到担步罗叶一百二十枚，槟榔子二十颗，豆蔻子二十颗，龙香一两，供大人米一升，酥油乳酪石蜜等。[19] 其中担步罗叶应为"tembula"，即梵文中蒌叶之意，由此前文推导，应该是用这些香料一并组成嚼块食用。在佛教中，槟榔是重要的供养物之一，在本书的第三章第二节"佛门清供"中有详细论述，此处不再赘述。

从克什米尔地区到斯里兰卡岛，整个南亚地区嚼食槟榔的方法都是一脉相承的，当地居民在从南岛语族传来的传统嚼食搭配中加入了很多香料，由此构成了一种复合的风味。如果经常到台湾岛、海南岛乃至东南亚诸国旅行，会发现一般常见的槟榔嚼块是以蒌叶涂上少许石灰，包裹二分之一个或者四分之一个槟榔构成。然而到了南亚的印度、孟加拉国、斯里兰卡等国，人们会用蒌叶包裹切成小块的槟榔，再加上各种复杂的香料组成一包槟榔嚼块，至今仍是如此。

在当代印度，槟榔嚼块（见彩图 2）通常包括蒌叶、石灰、槟榔、烟草和丁香，但每个地区，甚至同一地区的不同城镇和摊贩用到的包裹物都会略有不同，少的可以是最基本的蒌叶、石灰、槟榔搭配，多的可以加入十余种香料，顾客还可以在摊前随时增减定制，现包现吃。这里也体现出印度饮食文化的特色，即香料繁多、搭配复杂、多味混杂。我们从印式咖喱、奶茶等食品的搭配上也可以看出这种特色。这种特色与中国饮食比较侧重于强调一种味型的特色形成了鲜明的对比，比如中国饮食中的胡椒猪肚、沙姜鸡等，都要求突出一味，不能加入太多辅助香辛料使得味型含混不清。

从语言学的推导来看，南亚地区嚼食槟榔的历史大约始于公元前15世纪，而根据文献的记载，首次出现的明确证据表明，南亚次大陆嚼食槟榔的历史大约始于公元前1世纪。这样的差距主要是整个南亚文化不重视记录历史导致的，并不是因为南亚次大陆居民嚼食槟榔的区域不广、时间不长。从孔雀王朝时代一直到现代，整个南亚嚼食槟榔的习俗都是日常而普遍的。南亚次大陆南部及更往南的岛屿，其气候适宜槟榔和蒌叶的种植，因此那里的人们嚼食槟榔更频繁一些；北部地区鲜槟榔价格稍高，加入的其他香料就多一些，嚼食槟榔的习俗也更集中于社会中上层人士（亦未绝迹于平民中）。由于南亚诸国的历史书写传统并不成熟，因此整体来说南亚关于槟榔的记载并不太连贯，可以引用的文献资料也相对较少。

第三节　西方视野中的槟榔

首先简要说明一下，这里所说的"西方"是指南亚文化圈以西的地方，也就是大约在东经65度线以西的欧亚大陆，嚼食槟榔在这些地方（除了马达加斯加岛以外）大致上不是一种显著而普遍的习俗。在这条线以西的波斯人、阿拉伯人乃至泰西（旧指西洋，主要指欧洲）之地的欧洲人，其中的商人和探险家首次看到有人嚼食槟榔时，大概率会惊奇地记录下这种异域习俗——吐出的红色汁液太骇人了。而他们所接触到的第一个嚼食槟榔的人，大多并不是嚼食槟榔的第一发明人——南岛先民的后裔，而是印度人，即嚼食槟榔习俗的二传手，也是塑造了槟榔在西方世界中的印象的人。

在欧洲地理大发现时代以前，波斯人和阿拉伯人就已经接触到了印度嚼食槟榔的习俗，他们都与印度保持着密切的商业往来，并且留下了详细的相关历史记载。波斯历史学家费里希塔*（Firishta）记载，在波斯萨珊王朝的库思老二世（Khosrau II）在位期间（590—628年），当时印度戒日王朝的首都曲女城有超过3万家的槟榔商店。马苏第†（Masudi）于公元916年游历印度时记录，在当时的印度嚼食槟榔是一种全国性的习俗，甚至在娑提（寡妇殉夫自焚）时，自焚者也会在爬上火堆前先嚼食槟榔，整个社会中，只有最低贱的"不可接触者"不吃槟榔。他还记录也门、汉志地区（均在阿拉伯半岛）均流行嚼食槟榔，有时候是将其作为乳香的替代品。[20] 在中世纪时期游历最广的穆斯林旅

---

* 费里希塔，全名 Muhammad Qasim Hindu Shah，生于伊朗北部阿斯泰拉巴德（戈尔甘旧称），波斯血统历史学家，晚年成为莫卧儿帝国的宫廷历史学家。
† 马苏第，全名 Abul Hasan Ali Ibn Hussain Ibn Ali Al Masudi，生于巴格达，阿拉伯历史学家、地理学家，被称为"阿拉伯的希罗多德"；曾游历了波斯（伊朗旧称）、叙利亚、埃及、印度、斯里兰卡等地。

行家伊本·白图泰*（Ibn Battuta）也记载过槟榔，大约在1340年，他曾到达印度，他说："槟榔在印度人的生活中尤为重要，以槟榔作为见面礼是非常重要的，甚至比金银还要重要。""先把槟榔碾碎，然后包在涂上石灰的蒌叶里面一起嚼食，可以使口气清新，祛除口腔里的异味，帮助消化，减轻空腹饮水带来的不适感，还能提升情趣，增强床笫之欢。"他还记录在摩加迪沙（今索马里首都）住宿时收到来自当地统治者的礼物——槟榔和蒌叶，以示对他的欢迎。另外，伊本·白图泰还描述了东非和阿拉伯地区一些用到了槟榔和蒌叶的菜肴。[21]

从波斯人、阿拉伯人的记载中我们可以发现，嚼食槟榔的习俗在印度不但极为普遍，还衍生出一连串伴随槟榔的礼俗和仪式。与印度保持着密切的贸易联系的波斯和阿拉伯城市，很早就接触到了槟榔。在伊本·白图泰生活的时代，整个阿拉伯海的沿岸贸易港口附近都能够得到稳定的槟榔供应。不过东非和阿拉伯半岛并不产槟榔，这种产自印度的植物可能价格比较昂贵，也仅限于小范围内的流行。几百年后，葡萄牙人绕过好望角侵入了原本由穆斯林商人控制的阿拉伯海贸易区域，槟榔在阿拉伯东岸地区的供应也变得不再稳定，16世纪以后的旅行者基本就没有再记录这些地方的槟榔嚼食情况了。东非本地出产的一种名为"Khat"（中文名称为巧茶）的树叶也有成瘾性，当地人嚼食该树

---

* 伊本·白图泰（1304—1377），生于摩洛哥，柏柏尔学者，著名的穆斯林探险家。

叶的历史很长，这种本土习俗很快占领了市场，槟榔的唾痕也逐渐在东非和阿拉伯街头消失。

第一个留下关于槟榔的记录的欧洲人是马可·波罗，时间是 14 世纪，众所周知，马可·波罗是从威尼斯出发沿丝绸之路陆路来到中国的，回程从厦门乘船经马六甲海峡、过印度、登陆波斯湾，再经陆路到叙利亚，最后经地中海海路回到威尼斯。在《马可·波罗游记》中，槟榔出现在印度的卡耶尔*这一篇章，时间大约在 1292 年。其实，从厦门到卡耶尔的航线经过了南海、马六甲海峡、孟加拉湾，其沿岸地区几乎都有嚼食槟榔的习俗，而马可·波罗到了卡耶尔才记录下槟榔，可能是由于他沿途上岸的行程过短，以至于到达卡耶尔后才留意到这个习俗。马可·波罗是这样记载的：

> 城里的所有人，就像印度的其他人一样，有持续地在嘴里咀嚼一种名为 Tembul（荖叶，又称蒌叶）的叶片的习惯，他们一直嚼，然后吐出唾液，这让他们兴奋。绅士、贵族和国王用这些叶子包裹樟脑和其他香料，也会和生石灰混合，据说这种做法对健康很有好处。如果一个人想要侮辱另一个人，他会把这片叶子或它的汁液吐在对方的脸上。对方会跑到国王面前，讲述自己所受的侮辱，并要求与冒犯者决斗。

---

* 《马可·波罗游记》中记为 Cail，亦作 Kayal，是印度最南端塔姆拉帕尔尼河（Tamraparni）河口的一座小城，今称"卡耶尔帕蒂纳姆"（Kayalpattinam），在泰米尔纳德邦治下。

国王提供武器——刀和盾，所有的人都蜂拥而至观看，两人决斗至其中一人被杀。他们不可用刀的尖端刺杀，因为这是国王所禁止的。[22]

葡萄牙医生加西亚·德·奥尔塔*（Garcia de Orta）曾为马可·波罗的这段叙述做过注释，他详细地描述了印度人嚼食槟榔的方法：

> 在咀嚼 betre（槟榔）时……他们将槟榔和少许石灰混合在一起……有些添加了 licio（儿茶），但有钱人和贵族会添加一些婆罗洲樟脑，还有一些沉香、麝香和龙涎香。
>
> 他们将 faufel（也称为 sipari）的一部分刮开，然后放入嘴中。他们将蒌叶与一粒麦子大小的石灰弄湿，将它们彼此摩擦，卷在一起，然后放入嘴中。最多一次可以咀嚼四片蒌叶。
>
> 有时他们在其中添加樟脑，在一片蒌叶上放一些槟榔和儿茶，在另一片蒌叶上放些石灰糊，然后将它们卷起来，这被称为 berah（蒌叶包裹）。有些人将樟脑和麝香放进去，然后用丝线将两片叶子绑在一起。当有客人来时，应该提供槟榔、樟脑和其他香料。[23]

---

* 加西亚·德·奥尔塔（1501—1568），葡萄牙文艺复兴时期的塞法迪犹太人，医师、草药师和博物学家。他是热带医学、生药学和民族植物学的先驱，主要在当时的葡萄牙海外殖民地果阿工作。

另一份来自葡萄牙人的记载，是在斯里兰卡传教的莫莱神父所写的信。1552 年，莫莱神父来到这个佛教兴盛的岛上，注意到大多数斯里兰卡人由于信奉佛教而反感杀生食肉的行为。由于不熟悉南亚的饮食形态，而当地人又常常嚼食槟榔，因此他错误地认为有些人仅靠吃蒌叶和槟榔果维生。[24] 葡萄牙人很快也发现了槟榔的经济价值，虽然这种植物在他们与欧洲的贸易中并没有什么用，但是在当地贸易中十分重要。葡萄牙驻果阿总督的记录显示，槟榔的生产由当地土邦的王垄断，有些地方槟榔产量大，是王室重要的收入来源。它们每年总能带来 1 万银币（xerafim）甚至更多的收入。[25] 葡萄牙人对嚼食槟榔这种习俗并没有特别反感，没有像后来的欧洲殖民者，如英国人和法国人那样，以一种鄙夷的姿态看待这种行为。 他们把槟榔视为一种贸易品，但不是像胡椒、丁香、豆蔻那样可以在欧洲贩卖的贸易品，而是一种本地人的贸易品。他们可以通过操纵槟榔的贸易来加强对当地人的控制，可以讨好土王和当地贵族，也可以从其他欧洲殖民者那里争夺资源。

荷兰很快也加入了对东方的殖民和贸易活动，1592 年，荷兰商人为了打破葡萄牙人对亚洲贸易的垄断，派出了商业间谍豪特曼兄弟（Cornelis and Frederik de Houtman）。豪特曼兄弟在里斯本加入葡萄牙商船队，偷窃前往东印度群岛的海图，后被葡萄牙人察觉，被关押至 1595 年才得以释放。同年，荷兰商人组成了"远方公司"（Compagnie van Verre），决定前往爪哇岛最西端的巴丹地区购买香料。为了避开葡萄牙人，他们一路绕开葡萄牙贸易据点，航程中损失了很多船只和水手，不过他们最终还是到达了爪哇岛。荷兰人虽然在这次旅程中人员损失巨大，在财务上也入不敷出，但好歹掌握了前往东印度群岛的航线。此后荷兰人不断派出船队前往巽他群岛建立殖民地，终于在 1602 年成立了粗具规模的荷兰东印度公司（Verenigde Oostindische Compagnie）。从进入 17 世纪开始，荷兰人就不断地在各条战线上挑战葡萄牙的霸主地位：1606 年攻打葡占马六甲失败，1607 年攻打葡占莫桑比克失败，1622 年攻打葡占澳门失败，一直到 1641 年，经过数十年苦心经营的荷兰人终于成功击败了往日的亚洲殖民霸主葡萄牙，强攻下了葡萄牙扼守马六甲海峡的马六甲城。1664 年，荷兰文献记载，由印度输入马六甲的槟榔曾被课以重税，荷兰人甚至在 1703 年颁布法令禁止槟榔进口。这种措施主要是为了打击葡萄牙殖民地的商业利益，保护当地种植者，而非要杜绝根深蒂固的嚼食槟榔习惯。[26] 有部分荷兰人受到当地居民的影响也开始嚼食槟榔，在斯里兰卡西部沿海港口加勒（Galle），一位 17 世纪的荷兰商人的私人藏品中，有一个带有荷兰东印度公司徽记的铜质雕花槟榔盒（见彩图 4）保存至今，这说明荷兰人已经接纳当地的这种习俗，也许是为了更好地融入当地社会，也许是为了款待与他们做生意的当地富商，总之，荷兰人和葡萄牙人都没有特别排斥这种异域风俗。[27]

葡萄牙人和荷兰人的这种态度与他们殖民贸易的特点是分不开的。工业时代以前的葡萄牙人和荷兰人，与其说是建立殖民地，不如说是建立贸易据点；他们对于大规模殖民和管理当地社会并没有很大的兴趣，只要能够保证跨洋贸易的顺利进行，保证贸易据点的商品流通畅行无阻即可。他们既没有能力，也没有意愿对当地社会进行改造，搞些移风易俗之类的事情是得不偿失的，对于嚼食槟榔这种于他们无碍而在贸易上有利的习俗，他们乐于因循。之后的工业化时代的殖民帝国——英国和法国——才是真正意义上进行殖民化统治的范例，他们对于殖民地的期望也很不同——不仅要建立贸易据点，还要将殖民地作为本国工业原材料的生产地和本国工业产品的行销地。基于不同的利益点，英国人对整体改造殖民地有着很大的热情。以印度为例，英国人希望整体改造印度的国民性格，建立学校，培养当地公务员，以使印度成为其世界工业生产链条的一部分；他们有意地培养当地人吸烟和饮茶的习惯，以替代对英国来说无利可图的槟榔和蒌叶消费；他们大力推广可以获得暴利的罂粟、棉花、茶叶、烟草的种植，而对满足当地人基本需求的粮食生产不屑一顾，以至于在印度造成了数次惨绝人寰的大饥荒。

英国人毫不掩饰他们对嚼食槟榔习俗的厌恶，詹姆斯·埃默森·坦南特爵士（Sir James Emerson Tennent）在 1860 年访问斯里兰卡时表示："斯里兰卡的人民嚼食蒌叶、石灰和槟榔，这三种成分混合在一起时，唾液呈现红色，唇部和牙齿看起来似被血液所覆盖，此种现象虽为大众所厌恶，但不分男女老幼，自朝至暮皆沉迷于此空虚浮华之习俗。"[28] 英国人的这种态度后来深深地影响了独立以后的各殖民地行政当局，即便在独立以后，斯里兰卡、印度、马来西亚、缅甸这些国家的当局都曾多次发起"摒除嚼槟榔陋习"的社会运动，并将其作为社会进步与现代化的标志，不过大多数时候这些政府主导的运动效果都不太好，人们依然故我地嚼食槟榔。日本在殖民统治中国台湾时也曾下令禁止种植和嚼食槟榔，并希望以吸烟来取代嚼槟榔，因为烟草税收对于日本来说更容易控制，也有更大的利益。日本在中国台湾的槟榔禁令执行得相当严格，比起英国在印度劝喻式的做法要残酷得多。从 1921 年到 1945 年，台湾槟榔种植面积由 640 公顷减少至367 公顷。[29] 但是第二次世界大战结束以后，台湾光复，嚼食槟榔的习俗迅速恢复，足可见台湾人嚼食槟榔习俗的韧性。

第四节　槟榔的名称

前文提到了多处西方历史对槟榔的记载，其中出现了好几个不同的单词，如马可·波罗记录的 tembul，加西亚·德·奥尔塔记录的 betre、faufel、sipari、berah。笔者在查阅西方历史文献时还看到许多别的关于槟榔的表述，由此可知在欧洲语言中槟榔、槟榔嚼块、蒌叶包裹等一系列与槟榔有关的产品的名称是比较混乱的。在亚洲语言中，这些产品的名称一向意指明确，并没有混乱的情况。

以中文为例，槟榔的别名有傧郎、宾门、螺果、仁频、仁榔、洗瘴丹、仙瘴丹等。蒌叶，又叫作蒌子、蒟酱、荖叶、土荜茇、荖藤。在台湾，以鲜槟榔切半包裹蒌花的制品叫作"菁仔"，以蒌叶包裹槟榔的制品叫作"包叶"；在海南，以"包叶"的制法为主，槟榔制品的名字则叫作"青仔"。

在欧洲语言中，槟榔的规范名称为 areca，这个词首先由葡萄牙人使用，之后，其他欧洲语言基本都跟随了葡萄牙人的命名。areca 从南印度的泰米尔语的 addakai 变音而来，显然这与葡萄牙人发现印度的历史有所关联。不过，在欧洲语言中，表述嚼槟榔这个行为的时候，一般说嚼蒌果（betel-nut chewing），而不说嚼槟榔。这可能和欧洲人首先接触到的嚼食槟榔的人是印度人有关，前文已经说过，印度人嚼食槟榔的方式是用蒌叶包裹切得比较细碎的槟榔和其他香料，内部细碎的槟榔可能比较难以辨认，反倒是包裹在表面的整片的蒌叶比较容易识别，因此欧洲语言中描述嚼槟榔时都说成了嚼蒌叶的果实。其实在整个包裹起来的嚼块中，最重要的、能够带给人发热和兴奋感觉的就是槟榔果，而不是其他的成分，因此欧洲语言将嚼槟榔表述成嚼蒌果，从一开始就是不准确的。

在很多欧洲语言的通俗表述中，由于 areca 这个词比较少见，槟榔干脆就被写成了 betel-nut，字面意思是蒌果。其实槟榔和蒌叶根本就是完全不同的两种植物，一个是高大的棕榈科常绿乔木，一个是低矮的胡椒科藤本植物。混为一谈的唯一原因就是槟榔经常被人们以蒌叶包裹嚼食，结果被误称为蒌果，实在是令人啼笑皆非。鉴于存在这种混乱，笔者查阅到的许多英文文献首先得用上一大段篇幅来解释 betel、betel-nut、areca 之间的异同，这种情况在东方语言表述中是完全不会存在的，也从一个侧面反映出欧洲人始终对嚼食槟榔的习俗不甚了解。

欧洲语言中把蒌叶叫作 betel，这个词也是葡萄牙人首先使用的，来源于南印度的马拉雅拉姆语的 vettila，被葡萄牙人变音变为 betel、betre、berah 等词。马可·波罗使用的 tembul 一词也是蒌叶的意思，来自梵文的 tembula。在北印度的诸语言中，槟榔大多被叫作 supari，蒌叶通常叫 tembula 或 nagavali，而以蒌叶包裹的槟榔嚼块则被称为 paan。印度语言中详细地区分了槟榔、蒌叶和槟榔嚼块，比中文只区分槟榔和蒌叶更为精确。

关于槟榔的传播轨迹，我们也可以从现存的语言中一窥究竟。在南岛语系诸语言中，槟榔被称为 pu（楚克语，Chuuk）、pugua（查莫罗语，Chamorro）、bunga（他加禄语，Tagalog），而在亚欧语系印度语支（主要分布于印度北部及周边地区）诸语言中则被称为 puga、pugi（梵语）、puak（僧伽罗语），可以看出北印度语言与南岛语言对槟榔的称呼有相似之处，这也是槟榔从南岛语族传播到印度-雅利安民族的一个证据。

槟榔在中文里虽然有一些异名，如傧郎、宾门、螺果、仁频、仁榔、洗瘴丹、仙瘴丹等，但这些异名用得很少，最主要的名称还是槟榔，且历史很久，自东汉以来就一直在用。中文槟榔可能来自马来语的 pinang，仁频可能来自爪哇语的 jambi，[30] 马来语和爪哇语都是南岛语系的分支。在东南亚，尤其是当今的马来西亚和印度尼西亚，有许多地名与槟榔有关，比如印度尼西亚的占碑省（Jambi），邦加-勿里洞省的首府邦加槟港（Pangkal Pinang），廖内群岛省的首府丹戎槟榔（Tanjung Pinang），以及马来西亚的槟榔屿（Pulau Pinang），等等。大量使用槟榔作为地名，也显示了槟榔在南岛语族文化中的特殊地位。

在当代印度，以蒌叶包裹并且通常含有槟榔的嚼块，一般被称为 paan。嚼食 paan 在印度是一种很普遍的习惯，通常在饭后进行。大部分的 paan 都含有槟榔和烟草，但还有一些是包裹水果和香料的，也能起到清新口气的作用。嚼食 paan 的传统非常悠久，如前所述，在阿育王时代就已经普及，主要目的是清新口气、帮助消化，至今仍然没有太大的变化。如今在印度，现场制作和贩售 paan 的摊位仍随处可见，人们会在摊前聚集并交流咨询。虽然在古代印度，嚼食 paan 是社会上层中才较为普及的习惯，但现在印度各阶级都普遍嚼食 paan 了。paan 中添加的香料种类可以多达数十种，现场制作，随客选择，最常见的内容物还是槟榔、烟草、茴香、丁香、豆蔻，且都切得比较细碎。因此印度人一般不说自己嚼槟榔，也不说嚼蒌叶，而是说嚼 paan，用中文来表述 paan，大概可以称之为"混合嚼块"。

第二章

从驱瘴之药到魏晋风流：
槟榔进入中国

槟榔自秦末汉初进入华夏先民的视野后，有一个逐步演进的过程，从一开始陌生的异域物产，到岭南汉人用以抵御瘴气的"洗瘴丹"，再到融入中国风俗文化中、被赋予了文化寓意的槟榔，进而跨过南岭的天然屏障，进入了以建康（今江苏南京）为都城的南方六朝（吴、东晋、宋、齐、梁、陈）的上层贵族生活中。

本章主要讨论中国历史中的槟榔。槟榔进入了中国历史的主流视域以后，它的传播是随着时间的推进而逐步展开的，因此本章以历史时间顺序为线索进行分析。本章覆盖的时间范围大致从秦末到隋朝再次统一中国，时间跨度大约为 800 年。

第一节　南越奇树（西汉）

中国的历史书写传统是追溯槟榔历史的可靠信源。其实不单是研究槟榔，当我们要研究东南亚、东北亚、南亚、中亚的各种历史时，以中文书写的历史文献都是非常重要的，甚至是唯一的资料。中国有着漫长而丰富的历史记载，因此许多西方史学家在研究东方历史的时候总要引用一些中文历史文献。历史书写传统并不是每个文明都拥有的，事实上，这是一种相当罕有的传统。虽然每个人类族群都有自己的语言，但拥有独创文字的族群屈指可数，能够将书写的文本系统保存下来的文明更是少之又少。虽然今天的人们对于"历史"这种存在都习以为常，但只有希腊文明和华夏文明独创性地创造出了专门书写历史的传统。

汉武帝元鼎五年，即公元前112年秋，汉武帝遣伏波将军路博德"出桂阳，下湟水"，楼船将军杨仆"出豫章（今江西南昌），下横浦"，[1] 于公元前111年攻灭南越国，回师长安（今陕西西安）时带上了大批南越国特有的热带植物，其中有槟榔、棕榈、荔枝等，并将其种植在长安附近的扶荔宫。槟榔首次出现在汉字文献中，是在司马相如的《上林赋》里："留落胥邪*，仁频并闾†，欀檀‡木兰。"仁频的用法仅见于此，该词应来自爪哇语槟榔 jambi 的音译（参见第一章末）。这一段中所描述的都是热带植物，大约是当时中原人所能接触到的最罕见的异域品种，铺陈以夸耀上林苑囊括奇珍。

---

* 留落胥邪：刘杙（yì），果实如梨。刘杙：《尔雅·释木》——"刘，刘杙"。郭璞注——"刘子（树名）生山中，实如梨，酢甜，核坚，出交趾"。胥邪：椰子树。

† 仁频：槟榔树。并闾（lú）：棕榈树。

‡ 欀（chán）檀：檀木的别种，无香。

《三辅黄图·卷之三》明确记载了汉武帝移植南越草木到扶荔宫之事：

> 扶荔宫，在上林苑中。汉武帝元鼎六年，破南越起扶荔宫，宫以荔枝得名，以植所得奇草异木：菖蒲百本；山姜十本；甘蔗十二本；留求子十本；桂百本；蜜香、指甲花百本；龙眼、荔枝、槟榔、橄榄、千岁子、柑橘皆百余本。上木，南北异宜，岁时多枯瘁。荔枝自交趾移植百株于庭，无一生者，连年犹移植不息。后数岁，偶一株稍茂，终无华实，帝亦珍惜之。一旦萎死，守吏坐诛者数十人，遂不复莳矣。其实则岁贡焉，邮传者疲毙于道，极为生民之患。至后汉安帝时，交趾郡守唐羌极陈其弊，遂罢其贡。[2]

根据考古发现，扶荔宫遗址在今陕西省渭南市韩城市芝川镇芝川村东南，并不在上林苑*的地理范围以内，但可能在管理上隶属于上林苑宫苑体系。[3]

根据《上林赋》《三辅黄图》《史记》等文献的记载，华夏民族大约在公元前 2 世纪首次接触到槟榔，尚不确定当时是否已有汉人开始嚼食槟榔。与印度文献记载的在公元前 1 世纪就已经

---

* ［东汉］班固，《汉书·扬雄传》："武帝广开上林，南至宜春、鼎胡、御宿、昆吾，旁南山而西，至长杨、五柞，北绕黄山，濒渭而东，周袤数百里。"上林苑在今西安以南，自西向东横跨周至县、鄠邑区、长安区、蓝田县，与考古发现的扶荔宫遗址之间直线距离约为 200 千米。

有人开始嚼食槟榔相比，时间相距不远，而印度略早。不过考虑到印度的历史记载常常脱漏而不完整，中国的历史记载又特别翔实完备，故可推测南岛语族将槟榔传至印度文明应该是比传到华夏文明要早一些的。

从《三辅黄图》的记载中我们可以看到，汉武帝对攻破南越以后获得的南方奇草异木是很上心的，专门营造了一处皇家园林来种植热带植物，还起名为"扶荔宫"，由此可见其想吃新鲜荔枝的心情是多么迫切。这个行为倒有些类似于后来英国人征服了大片热带殖民地后在伦敦皇家植物园林——邱园——中建造棕榈屋（Palm House）。不过邱园是以玻璃温室培育热带植物的，汉武帝则没有这种设备，结果辛辛苦苦从南方移植来的热带草木"无一生者"，还要"连年犹移植不息"，"一旦萎死，守吏坐诛者数十人"，简直是人道惨剧。

汉武帝攻灭南越国后得到了槟榔，可知南越国在此时已有槟榔种植，而槟榔又非南越国土产，而是源自东南亚等气候更加温暖的地区。第一章第一节中提到的考古发现显示，菲律宾群岛在公元前 2660 年前后已有嚼食槟榔的情况，而台湾岛南部在公元前 1500 年前后也有居民开始嚼食槟榔。笔者据此推测，在公元前 2 世纪之前的 2 000 多年时间里，比较有可能是南岛语族的某个部落携槟榔渡海到岭南地区（包括今广东、广西、海南、越南北部）定居。不过，这种猜想并没有确实的考古学证据来证实。笔者查阅了岭南地区新石器时代的许多考古发现资料，没有发现嚼食槟榔的证据；南越王墓出土的器物中，也没有与槟榔有关的。但南越国的多数居民——百越，与南岛语族之间存在着很密切的联系。

我国许多的考古学家和人类学家已经讨论过百越民族与南岛语族之间的关联，基本的共识是百越民族与南岛语族有许多共同的特征。李亦园指出，"南岛民族和马来人系民族都是从我国南方逐渐往南迁移，即沿着中南半岛河谷由北而南，然后再经由马来群岛由西往东而定居下来的"[4]。林惠祥指出，"马来族在体质、史前遗物、风俗文化等方面都有相似的特征"[5]。凌纯声论证了古代百越与南岛语族所共有的十种文化特征，分别是祖先崇拜、家谱、洗骨葬、铜鼓、栏杆、龙船、凿齿、文身、食人与猎首、洪水故事，他说这十种文化特征"今在南洋的印度尼西亚系土著中分布甚广，而在中国大陆上古时代百越民族或其在今日的遗民中多可见到"[6]。杨式挺通过考古发现总结出百越民族共同的文化特征：有肩石器、有段石器、大石铲、石钺、几何印文陶器、铜鼓、二次葬、悬棺葬、拔牙风俗、善用舟船、干栏建筑、断发文身，[7]这些文化特征——除了铜鼓以外——在南岛语族的史前遗迹中几乎全部可以找到。

百越，其实是华夏民族对南方诸多民族的他称，这些较为原始的民族确有许多的共性，也就是前文所提到的共同的文化特征。但百越各部落之间也是自相攻伐，常年不息，即所谓"粤人之俗，好相攻击"[8]。从族属上来说，百越可能分属于两大系统：一是与中南半岛诸民族同源的南亚语系与壮侗语系诸民族，二是南岛语族。百越在秦统一中原之际尚处于社会发展的"部落"到"部落联盟"阶段，还没有出现国家的政治结构，在文化时代上也止于青铜时代（海南岛仍在石器时代），尚无铁器。百越之间的差异是很大的，中国古代按地理位置大致将岭南地区的百越自东向西分为南越、西瓯、雒越（骆越）、越裳四个部分，但即使在每个地理区域内，也存在不同族属的部落。鉴于存世资料有限，我们虽然知道百越是一个模糊的他称，但进一步的细分尚难以进行。

公元前221年，秦王嬴政统一六国。随后，屠睢率领50万秦军南征，这是中原王朝第一次对百越的全面战争。对于这次南征的历史解读，笔者与前辈学人颇有相异之处，虽与槟榔无甚关联，亦记于下。

> 又利越之犀角、象齿、翡翠、珠玑，乃使尉屠睢发卒五十万，为五军，一军塞镡城之岭，一军守九疑之塞，一军处番禺之都，一军守南野之界，一军结余干之水。三年不解甲驰弩，使监禄无以转饷。又以卒凿渠而通粮道，以与越人战，杀西瓯君译吁宋。而越人皆入丛薄中，与禽兽处，莫肯为秦虏。相置桀骏以为将，而夜攻秦人，大破之。杀尉屠睢，伏尸流血数十万，乃发谪戍以备之。[9]

从这里可以看出屠睢的战争策略是进攻性的，主要的攻击目标是今广西北部的西瓯部落联盟，他的作战前线要塞在镡城之岭（今湖南靖州西）和九疑之塞（今湖南宁远南），预备部队驻扎在番禺之都（今广东广州），保障补给线路畅通的部队驻守在南野之界（今广东南雄大庾岭），后备军力集结在余干之水（指赣江，集结位置可能在今江西赣州）。

从上述引文中五军部署的位置可以看出，这已经是战争进行了一段时间后的态势，屠睢的部队已经突破了南岭，抵达了番禺。所谓番禺，可能是指海外商人侨居之地。[10] 也许在先秦时代番禺已是颇具规模的市镇了，因此说"处番禺之都"，番禺已有一定的城镇规模，且转运方便。凡大规模战争必以粮草供应不断为重，古代运输以水路运输最为便捷，屠睢的进攻线路是沿水道前进，他很可能沿着赣江—章水一路南下，过大庾岭后进入浈水—北江水道，顺江而下攻克番禺，然后在番禺建立补给基地。在古代战争中，大部分的兵力必须沿途布置以保障补给线的畅通，真正在前线作战的兵力并不多，从今江西大余的赣江水道到今广东南雄的北江水道之间还有一段长约 20 千米的山路，在这段山路上主要依靠人畜力搬运粮草，因此"南野之界"的兵力应该就是负责转运粮草的。前人多以此五军为五路进击之军，须知"塞""守""处""结"等字不是空写。

屠睢的计划是从赣江运输兵源和粮草，翻越大庾岭，再入北江顺流而下到今三水，然后转入西江、漓江运输到今桂林补充前线。然而这条补给线路太远了，战争的艰难程度超出预期——"三年不解甲驰弩"，导致负责补给的"禄"补给转运困难，于是屠睢下令开凿贯通湘江和漓江的灵渠，以便粮草更快地抵达前线。备齐了充足粮草的屠睢在公元前 214 年进军，击破西瓯部落联盟军，击杀部落联盟首领译吁宋。但是西瓯部落联盟并没有因为战败和首领阵亡而投降，他们转向山林之间藏匿，与野兽为伍，继续攻击秦军。他们推举了新的部落首领"桀骏"，并在一次夜袭中大破秦军，数万秦军战死，主将屠睢阵亡。

公元前214年，任嚣继任为主将，吸取了屠睢进攻失败的教训，他的战略主要是防守性的。他把剩余的兵力收缩到今广东的平原与河谷地区，建立了四个县，分别是番禺、博罗、龙川和四会。任嚣任命他的副手赵佗为东江水道交通要冲龙川县县令，筑城防守；自己镇守番禺县，筑番禺城（史称任嚣城），城址在今广州市仓边路一带，这便是广州建城之始了。从任嚣的部署上我们可以发现，他将运输补给通道从原来的北江水道改为了较远的东江水道，其原因极有可能是在屠睢战败以后，西江流域已经全线失守，连北江流域也守不住，只好退守最东边的东江水道，筑城防御，勉力支撑在岭南的危局。在这种局面下，任嚣竟然还向中原王朝报捷，声称自己已经"平定南越"，并且请示朝廷设置南海郡、桂林郡、象郡三郡，要求增援。

（始皇帝）三十三年，发诸尝逋亡人、赘婿、贾人略取陆梁地，为桂林、象郡、南海，以适遣戍。[11]

公元前214年的始皇帝已经相当膨胀，朝廷得了捷报，不来过问细节，只送了些补充兵员给任嚣，两下欢喜。笔者认为所谓象郡根本就是没影的事，桂林郡是屠睢得而复失的，这两郡不过是虚设，任嚣的实际统治范围大约就是南海郡的番禺、博罗、龙川和四会四县。

任嚣在南越的收缩战线防守策略是务实而有效的，秦帝国南方远征军没有因屠睢战死而落得溃灭的命运，反而在南海郡四县逐渐站稳脚跟。到了秦二世二年（公元前 208 年），任嚣去世，临死前任命赵佗接任南海郡尉。

> 至二世时，南海尉任嚣病且死，召龙川令赵佗语曰："闻陈胜等作乱……吾恐盗兵侵地至此，吾欲兴兵绝新道，自备，待诸侯变，会病甚。且番禺负山险，阻南海，东西数千里，颇有中国人相辅，此亦一州之主也，可以立国。郡中长吏无足与言者，故召公告之。"即被佗书，行南海尉事。嚣死，佗即移檄告横浦、阳山、湟溪关曰："盗兵且至，急绝道聚兵自守！"因稍以法诛秦所置长吏，以其党为假守。秦已破灭，佗即击并桂林、象郡，自立为南越武王。[12]

赵佗在任嚣死后封闭了岭南与中原沟通的三个关口，分别是横浦（今广东南雄）、阳山（今广东阳山）和湟溪（今广东连州），这三个关口都是通往北江水道的，可见从公元前 214 年到公元前 208 年间，任嚣在世时北江水道已经基本恢复畅通。

关于赵佗实际掌握的军事实力，我们可以从下面的史料一窥究竟：

又使尉佗逾五岭攻百越。尉佗知中国劳极，止王不来，使人上书，求女无夫家者三万人，以为士卒衣补。秦皇帝可其万五千人。[13]

这里所列的史料过于简略，说始皇帝派遣赵佗攻打百越，实际上主将是屠睢，赵佗是其从属。赵佗"止王不来"是称王不再回来的意思，这应该是任嚣去世后发生的事情。赵佗向朝廷要求遣发未婚女子 3 万人，婚配给远征岭南的中原士卒。这里的秦皇帝应该是指秦二世，同意给一半数量，也就是 1.5 万名女子。秦朝时出征的将士是不允许携带家眷的，赵佗在这里请求遣发 3 万名女子，可见其手下仍存的中原士卒人数大概也就在此数。当年（公元前 221 年）屠睢率领 50 万大军南征，经过在广西北部的兵败，损失了数十万兵力，到任嚣时期兵力可能仅剩十余万人，到了赵佗掌权的时候已经是公元前 208 年，经历了 13 年的远征，即"与越杂处十三岁"[14]，即使是出征时 18 岁的男子，此时也已经 31 岁了，岭南疫病加上战斗不息，存活士卒总数也只在 3 万上下，再不婚配孕育下一代，赵佗手下就要无中原人可用了。就以任嚣和赵佗手上的兵力情况来看，不要说进击百越部落，就是自守也捉襟见肘。秦二世承诺要遣发的 1.5 万名女子，史籍没有记载最后赵佗真正收到了多少，以当时中原混乱的局面来看，能不能召集到这些女子都很成问题，更不要说路上还必有疫病伤亡。因此估计所余数万秦军士卒还是要娶当地越女为妻的，在这种情况下，赵佗治下的岭南人口应该仍是以越人为绝大多数。

史籍中再次出现关于赵佗的记载已是在汉高祖十一年（公元前196年），其时陆贾出使南越国，争取到了南越国对汉帝国名义上的从属关系，陆贾此行还写下了《南越行纪》一书，是首次向中原人介绍南越的第一手资料，可惜此书已轶。从赵佗割据自立的公元前208年到公元前196年已经12年了，赵佗从任嚣的防守策略出发，更进一步地提出了融入百越的策略，也就是后世所说的"和辑百越"。陆贾见到的赵佗是个什么样子呢？他"魋结箕踞"[15]，书称"蛮夷大长"[16]，东汉学者王充说"南越王赵佗，本汉贤人也，化南夷之俗，背畔王制，椎髻箕坐，好之若性"[17]。陆贾也说"足下中国人，亲戚昆弟坟墓在真定。今足下反天性，弃冠带……"[18]。赵佗这个时候已经宛若一个南越人，发髻梳成锥形，双腿叉开坐着，遵从南越人的生活习惯，也取得了南越人的支持和信任。不过赵佗只是在外表上亲近南越人，他的文明程度及其所建立的行政体系并没有退化到部落联盟的阶段。从考古发现和史料上来看，赵佗在岭南建立了仿效中原王朝的集权政治体系，对广东中部的统治核心地区实施了简化的律法，建立官僚制度，征实物税，征兵，开垦土地，推广了铁器和畜力的使用，也是广东使用文字的始祖。[19]对于南越周边的其他百越部族，赵佗采取了使其成为自治附庸的策略，"佗因此以兵威边，财物赂遗闽越、西瓯、骆，役属焉，东西万余里"[20]。《交州外域记》中有记载（原书已轶，此据北魏《水经注》之引文），"越王令二使者典主交趾、九真二郡民"，"诸雒将主民如故"，当具有传说色彩的"安阳王"进攻雒越时，南越王还出兵保护了自己的附庸。[21]

到了南越国后期，越人的血统已经进入了南越王国的统治阶层，广州象岗山南越国第二代国君文王赵眜墓出土了一枚"赵蓝"覆斗钮象牙印，与"右夫人玺"龟钮金印同出一棺，右夫人的随葬品数量多、品质精，印章以黄金为质，且汉代以右为尊，这说明右夫人应该是诸妃之首。"赵蓝"象牙印是右夫人的人名章。[22]赵蓝之名很可能是蓝姓女冠夫氏赵，如春秋时期的美人夏姬原本是姬姓女，后来嫁夏御叔，以夫氏"夏"加本姓"姬"而合称夏姬。*蓝姓是百越大姓，以百越女子为诸夫人之首，可见越人在南越王国统治阶层中的地位。南越文王赵眜于公元前122年去世，南越第三代国君明王赵婴齐自长安归国继位，赵婴齐去长安前先娶越女"揭阳橙女"，生长子赵建德，即"越妻子术阳侯建德"；后来赵婴齐在长安做侍卫的12年间又娶了一位中原女子"邯郸樛氏女"，生次子赵兴，赵兴被立为太子。赵婴齐于公元前113年去世，樛氏所生之赵兴继位，樛太后掌权，对汉朝极为恭顺。次年，南越国丞相吕嘉反叛，杀赵兴及樛太后，立越女所生的赵建德为君。[23] 由此可见越人势力在南越国王庭中的地位不可撼动。此事引发汉武帝遣路博德、杨仆等南征。公元前111年，历经五代存在了93年的南越国被汉军所灭。越人丞相吕嘉的家族子女，皆与南越王室子女联姻，"男尽尚王女，女尽嫁王子弟宗室"[24]，

---

* 先秦女子称谓的文字记录基本上有四种情况：一为国名加姓，如褒姒；二为夫氏加姓，如夏姬；三为夫谥加姓，如庄姜、宣姜；四为排行加姓，如季芈。无论哪种情况，都以本姓为第二字。

到了南越国晚期，吕嘉的实际政治权力比南越王还大。吕嘉最后被汉军俘获并处死，汉武帝在出巡至汲县新中乡时，收到吕嘉的首级，大喜，改新中为获嘉，升格为县。[25] 获嘉县至今仍存。

以上秦汉时期从秦帝国南方远征军（公元前221—公元前208年）到南越国（公元前208—公元前112年）的历史可以划分为四个阶段：

第一阶段：屠睢南征，以攻击策略入侵南越，取得一定战果后败死。公元前221—公元前214年，凡七年。

第二阶段：任嚣继任，以收缩防守策略巩固南海郡四县，筑城立足。公元前214—公元前208年，凡六年。

第三阶段：赵佗自立，自称"蛮夷大长"，从南越之风俗，行中国之制度，是越化汉人之南越国。公元前208—公元前137年，凡七十一年。

第四阶段：吕嘉主政，越人成为统治核心，是汉化越人之南越国。公元前137—公元前112年，凡二十五年。

秦汉帝国两次征服南越，时间间隔了100多年，从一开始决绝的武力对抗，最后走到了"和辑百越"的和平融合道路。汉武帝征服南越国以后，在岭南地区设置郡县，派遣中原官吏，在本地越化汉人的协助下较为有效地统治岭南地区，核心区域在南海郡、苍梧郡；在比较偏远的雒越、西瓯、越裳仍实施"自治"，不收税，即《史记》所载的"番禺以西至蜀南者新置初郡十七，且以其故俗治，毋赋税"。然而即使是这样，也还是"初郡时时小反，杀吏，汉发南方吏卒往诛之"[26]。到东汉光武帝时才开始渐渐地在部分地方开始征收赋税——"使输租赋，同之平民"[27]，结果很快造成了南方的动乱局面。汉帝国再次对岭南地区用兵，是在汉武帝南征之后151年，即东汉建武十六年（公元40年），交趾郡征氏姐妹起义，东汉伏波将军马援领兵征讨。马援在公元42年于浪泊（今越南仙山）大破征氏，在公元44年前后平定交趾、九真、日南的起义，回师洛阳。从此交州进入了较为平和的发展阶段，人口和经济都有了很大的增长。

汉武帝在元鼎六年（公元前111年）得到的槟榔，很可能是南越国的中原人早已熟悉的百越物产。赵佗曾有意地融入和接纳百越风俗，假如那时候百越部落中已有嚼食槟榔的习惯，那么在赵佗以身作则地学习百越风俗的表率下，其余的中原人也会学习这种习惯。因此虽然没有具体的文字资料和考古发现的证实，笔者仍然相信在南越国时期的岭南地区，无论是本地的越人还是从北方来的中原人，都很可能有了嚼食槟榔的习惯。

第二节　洗瘴丹（东汉）

自司马相如以后的西汉传世文献再无提及槟榔。中文文献再次提及槟榔是在东汉的汉和帝时期（公元88—105年在位），岭南出身的学者杨孚[*]在《异物志》中首次使用了槟榔二字来命名这

---

[*] 杨孚，字孝元，生卒年不详，活跃于东汉章帝、和帝在位时期，官至议郎，南海郡番禺县漱珠岗下渡头村（今广州市海珠区赤岗街道下渡村）人。

种植物，从此槟榔之名传承近 2 000 年，再无变更。杨孚是首创《异物志》体例之人，他身为岭南人，有鉴于当时官员"竞事珍献"的不正之风，"乃枚举物性灵悟，指为异品以讽切之"。[28]杨孚详细介绍了槟榔的生长形态和嚼食方法，明确地写出了"以扶留藤古贲灰并食"，即槟榔、蒌叶和石灰同嚼的吃法。《异物志》原书已佚*，以下系根据北魏《齐民要术》转引之文字：

> 槟榔，若笋竹生竿，种之精硬，引茎直上，不生枝叶，其状若柱。其颠近上末五六尺间，洪洪肿起，若瘣木焉。因坼裂，出若黍穗，无花而为实，大如桃李。又棘针重累其下，所以卫其实也。剖其上皮，煮其肤，熟而贯之，硬如干枣。以扶留、古贲灰并食，下气及宿食、白虫，消谷。饮啖设为口实。[29]
>
> 古贲灰，牡砺灰也。与扶留、槟榔三物合食，然后善也。扶留藤，似木防己。扶留、槟榔，所生相去远，为物甚异而相成。俗曰："槟榔扶留，可以忘忧。"[30]

杨孚在《异物志》中首先介绍了槟榔树的形态，然后详细介绍了处理和食用槟榔的方法，最后陈述槟榔的药用价值及嚼食

---

* 关于《异物志》的考据，学界有不同的看法，吴永章考订东汉议郎杨孚就是《异物志》的作者，但郭硕在《六朝槟榔嚼食习俗的传播：从"异物"到"吴俗"》一文中则提出质疑，认为《异物志》可能是晋代的佚名文献，此处存而不论。

槟榔的风俗。关于槟榔的形态，这里无须做过多解释，杨孚所说的槟榔处理方法是先削去外皮，用水煮熟后串起来，这时候的槟榔像干枣一样硬。南岛语族吃槟榔一般是鲜食，并没有加以处理的记录，大概由于南岛语族所居地方都是热带，鲜槟榔随处可得，无须多此一举。印度和中国都有处理槟榔的方法，也是由于这两国很多地方不产鲜槟榔，因此必须加以保存运输。杨孚这里所说的处理方法应该可以获得能够保存较长时间的干槟榔，这也使得槟榔有机会跨过南岭的地理局限，进一步向北传播。

　　然后说到扶留，现在仍叫作扶留藤，也常被称为蒌叶；古贲灰就是牡蛎灰，与石灰用途一样。杨孚这里所说的嚼食槟榔的方法与南岛和南亚文化中的吃法完全一致，可见其中必有联系。留意杨孚叙述了槟榔的药用价值，说槟榔能"下气"，也就是降胃气，如呕吐、嗳气、呃逆皆是胃气上逆；又能下宿食；还能下"白虫"，白虫就是蛔虫之类的人体寄生虫；"消谷"就是帮助消化谷物。"饮啖设为口实"，意思是饮食中常备的食品。后面一段对前面的内容略加解释，说扶留和槟榔并不生长在一起，形态也完全不同，的确，扶留藤喜阴，槟榔喜阳，结合在一起后却能有良好的效果。最后说"槟榔扶留，可以忘忧"，这句话也点明了嚼食槟榔是一种可以使人产生欣快感的成瘾性习俗。

　　从西汉武帝到东汉和帝之间这 200 余年里，中原王朝在南越的统治日渐深入，南越的真正"汉化"也正起源于这段时间，当时寓居南越的官吏和士兵，想必与当地人有所交流，作为特产的槟榔和嚼食槟榔的习俗应该也已经进入汉人的视域。杨孚很可能是南迁汉人的后代，可能是汉朝派往南越的官吏的后代，也许是赵佗麾下军官的后代，总之地位不会低。杨孚详细介绍了嚼食槟榔的方法和习俗，显然对此很熟悉，也证明了嚼食槟榔的习俗已经从越人传播到了南迁汉人当中。从秦汉时期的中文文献来看，番禺作为中国人吃槟榔的源点，是确凿无疑的，番禺人吃槟榔的风俗也一直持续到民国初年才逐渐消失。

番禺自公元前214年任嚣筑城以来，2 000余年城址并无迁移，昔日的南越国宫苑便在如今广州市中心繁华的北京路步行街东北侧。杨孚的故居在今广州海珠区的下渡村，这个位置在民国时代以前一直是城外的村落，与南越国宫苑直线距离不足5千米，至今尚存一口"杨孚井"，相传是杨孚宅邸后花园中的井，至今仍有水。杨孚故里现在已是一片居民楼，位置在中山大学东侧，有立碑记事，别无遗物留存。杨孚成年以后大部分时间在洛阳度过，《异物志》可能也在洛阳写成。他晚年辞官回归下渡村故里，携带了京城河南洛阳的松柏，并将之种植于宅前。有一年冬天天气骤寒，大雪盈树，人们相传这种异相是因松柏自河南来所致，遂将他的居地称为"河南"，至今仍沿作广州市区珠江以南部分的代称，士民因此尊称杨孚为"南雪先生"*。杨孚一生中

---

* 岭南大儒屈大均在《广东新语》中有诗："能将北雪为南雪，为有苍苍自雒来。松柏至今虽已尽，花田尝见雪花开。"岭南一般冬无霜雪，一旦有降雪，则被作为"异事"记录下来，史籍记录广州在淳祐五年、永乐十三年、正德元年、嘉靖十六年、万历四十六年、崇祯七年、顺治十一年、康熙五年、康熙二十二年等年份曾下雪。也就是除了明末清初的"小冰期"广州降雪比较频繁以外，其他时间人们难得见一次广州下雪。

所做的对中国历史影响最大的事情是主张以孝治天下，他根据《论语·阳货》中宰我与孔子的一段对话，认为朝廷尊崇礼教应制定士民遇父母之丧均要守丧三年的制度。汉和帝采纳了杨孚的建议，下诏恢复旧礼，推行"臣民均行三年通丧"，从而导致此后的近 2 000 年里"丁忧"与"夺情"成了官员们的大难题。

东汉时期，中医药取得了长足进步，大量异域物产进入了中药的使用范围，槟榔的药性也被认知。张仲景*在《金匮要略·杂疗方》[†]中即有："退五藏虚热四时加减柴胡饮子方：冬三月加柴胡八分；白术八分；大腹槟榔四枚，并皮子用；陈皮五分；生姜五分；桔梗七分。"[31] 李时珍在《本草纲目·果之三》中说："大腹子出岭表、滇南，即槟榔中一种腹大形扁而味涩者，不似槟榔尖长味良耳，所谓猪槟榔者是矣。"[32] 当今中药有"大腹皮"，是槟榔去芯留壳，煮后干燥制成的药材。张仲景特别强调要"并皮子用"，也就是不要去芯。由此可知东汉时期的中原医家已经对槟榔有了比较深入的辨析，可见从岭南传到中原的槟榔这时候最显著的用法是做药材，并非嚼食。同时，汉人已经充分掌握干

---

*　张仲景（150—219），名机（《历代神仙通鉴》作玑），字仲景，东汉末年著名医学家，南阳郡涅阳县（今河南邓州市和镇平县一带）人。

†　《金匮要略》一般认为是张仲景所著《伤寒杂病论》之"杂病"部分。《伤寒杂病论》在汉末乱世即已流佚，西晋王叔和得到部分的文稿，将《伤寒论》部分行于世；宋仁宗时期，翰林王洙发现馆阁蠹简中有张仲景《金匮玉函要略方》三卷，经校订，以杂病、饮食、禁忌编成《金匮要略》二十篇。基于以上史实，有些考据专家质疑《金匮要略》是否为张仲景所著，此处存而不论。

制槟榔的方法，为槟榔的进一步传播创造了条件。

槟榔的药用价值是十分显著的，现代药理学表明，槟榔对华支睾吸虫（别名肝吸虫）、血吸虫、蛲虫、蠕虫、蛔虫皆有麻痹或驱杀的作用。[33] 虽然槟榔致口腔癌的副作用同样明显，但对于人均寿命较短，且没有各种现代驱虫药的古人来说，吃槟榔显然是利大于弊的。尤其考虑到岭南地区气候温暖，各种寄生虫病比较多，嚼食槟榔不但是一种成瘾性习俗，更是古人保健卫生的必要手段。古代中原人前往南方地区居住，无论是朝廷的流放、谪戍、任官，还是民间的迁徙、避难等，总要面对南方的瘴疠。所谓瘴，是指中国南方山林间湿热环境下产生的一种能致病的有毒气体；所谓疠，是有传染性的恶疾之意。瘴疠合称即指由瘴气引起的传染性恶疾，以现代医学的理解应为热带传染病，大部分是热带寄生虫病。所谓瘴气致病的观点不仅仅存在于中国传统医学中，西方传统医学也同样认为不清新的空气会致病，因此源自欧洲中世纪的 40 天隔离法，主要目的也在于阻断空气传播。直到19 世纪，人们才逐渐认识到细菌才是传播疾病的主要原因，有不良气味的空气不一定就是致病的空气。

在古代中原人的观念中，南方的瘴气通常是无形的，但唐代刘恂在《岭表录异·卷上》中却生动地描述了一种"有形"的瘴气："岭表或见物自空而下，始如弹丸，渐如车轮，遂四散。人中之即病，谓之瘴母。"[34] 笔者在岭南居住 30 余年，从未见过这种奇怪的现象，这大概是古代人出于对瘴气的恐惧，在心里将其逐渐幻想成形，又口口相传，乃至落于文书。

南方瘴疠对中原人的杀伤力有多大呢？我们可以从东汉马援平定交趾地区的二征起义的相关记载中略知一二："军吏经瘴疫死者十四五。"[35] 这可能是"瘴"的概念首次出现。东汉末年公孙瓒随太守刘其发配日南郡前辞别先人坟墓时说："昔为人子，今为人臣，当诣日南。日南多瘴气，恐或不还，便当长辞坟茔。"[36] 隋时千余人从贝州（今河北清河）被发配至岭南，"上悉配防岭南，亲戚相送，哭泣之声遍于州境。至岭南，遇瘴疠死者十八九"[37]。关于瘴疠的记载史不绝书，从秦汉直到唐代的 1 000 多年间，但凡中原人要前往岭南，大多痛哭流涕，有如赴死一般。岭南民间素有嚼食槟榔的传统，因此在唐代中期以后，医家逐渐建立了"槟榔除瘴"的理念。[38] 唐代名医侯宁极在《药谱》中将槟榔直接称作"洗瘴丹"[39]，刘恂也在《岭表录异》中说"交州地温，不食此（槟榔）无以祛其瘴疠"[40]。北宋以后关于岭南瘴疠的记录渐少，南宋以后就不太常见了，可能是由于南方的生活条件大幅改善，医药水平有所提高，卫生条件大为改进，而南方也成为富庶繁华的代表，前往南方便不再令人畏惧了。

南迁的中原人为了在南方抵御瘴疠，迅速地捡起了越人的嚼槟榔习俗。槟榔对治疗热带寄生虫病固然有一定效果，但更多的可能是一种心理安慰的作用。北宋时大文豪苏轼被贬海南时曾作一首《咏槟榔》，明荐槟榔消瘴疠之功：

异味谁栽向海滨，亭亭直干乱枝分。

开花树杪翻青箨，结子苞中皱锦纹。

可疗饥怀香自吐，能消瘴疠暖如薰。

堆盘何物堪为偶，菱叶清新卷翠云。[41]

从东汉的杨孚到北宋的苏轼，1 000 年的时间里源源不绝有中原人不远万里来到岭南，岭南也从偏僻的瘴疠之地变成了沃野千里、商贾云集的富饶之地。槟榔为汉民族在南方的扩张立下了不应被遗忘的功绩，因此也被赋予别名"洗瘴丹"。对于古代的南迁中原人来说，槟榔不单是确有良效的驱虫药，还是为南迁壮行的"定心丸"。

第三节　宾郎的槟榔（吴、西晋）

三国、西晋时期是长江以南地区的大开发时期。东汉末年，在朝有党锢之祸，在野有黄巾之乱，中原陷入巨大的动荡之中，大量人口开始向南迁徙，比如人们耳熟能详的琅琊诸葛，后来以南阳诸葛闻名于世；还有东吴政权的张昭、薛综等人，皆为淮泗士人，后来成为东吴的核心统治阶级。不过岭南仍然是很偏远的半开化疆土，汉末大乱以后，中原流民南下时一般止步于荆扬一带，不会深入那么遥远的南方。

三国中的吴国，由于并不控制富庶的中原地区，人口相对来说比较少，经济也不如已充分开发的中原，因此出于充实国力的考虑，曾经组织人力、物力，对岭南地区进行了认真的开发。在此之前的两汉时代，汉王朝对遥远的岭南一直采取的是放任的态度，并没有什么像样的开发举措。汉末三国时期，首先对岭南地区动心思的是荆州刘表，他擅自任命部将吴巨为苍梧太守，企图扼守经湘江水道南下交州的通路。赤壁之战以后，孙吴政权在江南立稳脚跟，开始和刘备分割刘表的遗产。建安十五年（公元210年），孙权任命部将步骘为交州刺史、立武中郎将，统领武射吏千余人南行接管交州。步骘袭杀吴巨，压制本地豪强士燮，在一年之内从湘江下漓江、西江，抵达番禺，基本平定了岭南。[42]步骘对番禺城垣进行了考察，认为此地宜为都邑，于是平整番山*之北，扩建已经毁坏了的旧南越国王城。建安二十二年（公元217年），他将交州州治从广信（今广西梧州附近）迁往番禺。后来到了吴永安七年（公元264年），实施交广分治，设广州辖南海、苍梧、郁林、合浦四郡，即今两广大部。

吴国万震《南州八郡志》曰：

> 槟榔，大如枣，色青，似莲子。彼人以为贵异，婚族好客，辄先逞此物；若邂逅不设，用相嫌恨。[43]

万震生平不见于史书，《南州八郡志》原书已轶，上文系据《齐民要术》引文。万震的记录有其特别的价值，这里首次提到了槟榔的文化属性。我们都知道，一件物品能为人类所利用，自

---

* 广州市文德路市立中山图书馆旧址，门外之小山岗仍有"番山亭"。

有其物理上的属性，以及这种属性对于人类的价值。比如蜜，有甜的物理属性，而放到我们说的"蜜月"中，则有了文化上的属性。再比如辣椒，有辣的物理属性，但我们说到"辣妹子"，则更侧重于其文化上的意义，不仅仅是说这个妹子能吃辣，更是形容其性格果断决绝。人类在使用了一件物品较长时间后，会产生对它的文化隐喻，将这种物品纳入社会文化体系，使之脱离完全的"物"的范畴，进入了文化的范畴。万震记载的"婚族好客，辄先逞此物；若邂逅不设，用相嫌恨"就已经明确地指出槟榔在当时的社会文化中的地位了。这标志着槟榔已经进入中华文化体系，在岭南的越人与汉人当中产生了文化上的意义。

按万震的说法，当时的岭南人无论是结婚还是待客，一定要先奉上槟榔款待客人，如果接待时不奉槟榔，就是相互之间关系破裂的表征。槟榔的中文构字法也表明了它在待客礼仪中的特别意义。槟榔是"形声字"，许慎在《说文解字》中解释，"形声者，以事为名，取譬相成"，所谓以事为名就是先给它归入一个事物中的大类，槟榔是木本植物，因此应归于木类；然后再取譬相成，即找发音和意义都能满足需要的字来作为声旁，须注意这里是音与义相成的，是既表音又表义的。槟榔的作用是宾郎，就是款待客人的东西，因此用了这两个字作为声旁。槟榔二字最早是杨孚在《异物志》中使用的，此前的司马相如在《上林赋》中作仁频。槟榔二字很有可能是杨孚的发明，是先有音，再有字的，即首先从百越中某个部落的土著语言中得到 pinang（马来语"槟榔"）的发音，然后才造了槟榔二字，音与义皆相符。由此我们可进一步推测，当年百越中的某个部落大概率与当今的马来族先民存在亲缘关系，这又从一个侧面反映了百越与南岛语族之间的关联。汉语对槟榔的称呼与中南半岛上的语言（越南语 cau，高棉语 kreab）皆不相同，反而与陆地距离相隔甚远的马来语近似，因此很可能南岛语族的一支在秦以前就在岭南的海岸线上登陆，带来了槟榔和 pinang 的称呼，甚至连有关槟榔的礼俗也一并携来，从此在岭南地区定居下来，后来又被南下的汉人所发现，造就了汉人世界观中的槟榔。

全世界凡是普遍嚼食槟榔的地方，关于槟榔的礼俗皆强调此物是婚礼和待客的必备之物，伊本·白图泰、马可·波罗、玄奘等人的记载也一再证实了槟榔在印度也有相同的文化属性。不仅仅是印度，现代民族志的研究证实了缅甸、越南、菲律宾、印度尼西亚、马来西亚、巴布亚新几内亚、帕劳等国对槟榔的社会文化理解也是大同小异的。比如越南人认为槟榔与蒌叶的搭配意味着"夫妻之义、兄弟之情"的家庭伦理，因此为婚礼之必备（一般由男方赠与女方）；[44] 而马来人婚礼中也必备槟榔，亦由男方送给女方，再由女方家分送来宾，娶亲队伍中需有一人手持槟榔盒。[45] 根据我国学者容媛的记载，20 世纪初的广东东莞在婚礼上也有极为类似的习俗，男方在"过礼"时一般会赠与女方一担槟榔。[46] 槟榔在诸多不同起源的文化中具有相似的社会文化属性——婚礼必备，且由男方送给女方，这种惊人的一致性几乎能让我们确认槟榔在最早食用它的南岛语族当中早已具备在婚礼和待客场合的特殊地位。后来加入嚼槟榔大军的古代印度人和古代中国人，也一并继承了南岛语族对槟榔的文化理解，并且在此之上又为槟榔增添了新的文化属性。如古代印度人增加了槟榔在宗教上的属性，而古代中国人则增加了槟榔的"消瘴"属性。

吴国顾徽*在《广州记》中也记录了槟榔："岭外槟榔，小于交趾，而大如蒳子，土人亦呼为槟榔。"[47] 这个记录表明当时的人们已经对槟榔进行了品种上的细分，并且发现广州的槟榔比交州的要小，即今两广的槟榔比越南北部所产的要小一些。后来历代的文献也都指出今越南北部和海南所产的槟榔品质比两广的要好一些。

晋灭吴以后，吴国控制的岭南地区也一并被纳入中原王朝的统治范围。西晋时期关于槟榔的记录更为常见，**孙吴学者薛莹、临淄人左思**也开始记录槟榔。现将西晋时期关于槟榔的记载列举于下。

> **薛莹《荆扬已南异物志》**：槟榔树，高六七丈，正直，无枝。叶从心生，大如楯。其实作房从心中出，一房数百实。实如鸡子，皆有壳；肉满壳中，正白，味苦涩。得扶留藤与古贲灰合食之，则柔滑而美。交趾、日南、九真皆有之。[48]
>
> **左思《吴都赋》**：槟榔无柯，椰叶无阴。†

---

* 顾徽，吴郡吴县（今江苏苏州）人，《三国志》无传，裴松之注补记其事迹于其兄顾雍传后。顾徽年少时曾游学，《广州记》可能是他游学的成果。

† 《太平御览》中作"槟榔无柯，椰叶尾髯"，此据《文选》修正。

张勃《吴录·地理志》：交趾朱戴县有槟榔树，直无枝条，高六七丈，叶大，如莲实房，得古贲灰，扶留藤食之，则柔而美。郡内及九真日南并有之。[49]

……始兴有扶留藤，缘木而生，味辛，可以食槟榔。[50]

王隐《蜀记》：扶留木，根大如箸，视之似柳根。又有蛤，明迮贲，生死墨，取烧为灰，曰牡厉粉。先以槟榔着口中，又扶留长寸，古贲灰少许，同嚼之，除胸中恶气。[51]

另有疑为晋时文献的《林邑国记》曾述槟榔，但史料疑点颇多，不引。

以上记载无甚特异之处，唯有王隐的《蜀记》，因只记载巴蜀事物，故可以说是嚼食槟榔习俗出现在岭南（交广二州）以外地方的首次记录。王隐文中并未说明具体的地点，《蜀记》取材地域也包含今云南，据猜测可能是在今云南南部一带。也就是说，云南在晋代首次出现了对槟榔的记载。云南一带嚼食槟榔的记录在此后的历史中亦有出现，且扶留与槟榔只可能生长在亚热带和热带地区。云南与广东之间山川险阻，沟通甚为不易，而云南与中南半岛的交往自古以来颇为频繁；至于广东沿海因有信风相送（冬季由北向南、夏季由南向北），与马来半岛沟通较为容易。故此云南嚼食槟榔的传统可能出自另一个层面上的影响——与云南邻近的缅甸、老挝、泰国、越南皆有嚼食槟榔的传统，即经由中南半岛的陆路传播，与岭南直接由南岛语族海上传播而来有别。

第四节　槟榔无柯（东晋）

西晋的统一是辉煌而短暂的，自280年灭吴，到291年八王之乱开始，仅有11年的时间是大致太平无事的。中原百姓自东汉末年黄巾之乱（184年）开始，一直到北周灭北齐统一北方（577年），近400年的时间里，始终是战乱多而和平少。黄巾之乱、三国鼎立、八王之乱、五胡乱华、十六国纷争、六镇之乱、东西魏对峙，再加上一次次的南征北伐，离乱的局面一次又一次地升级，设身处地想想，当时的人们该有多么绝望和恐惧。每次和平的降临，似乎带来一点点复苏的希望，结果很快又再破灭，一次次再陷入更大规模、更残酷的战争和杀戮当中。

王羲之在著名的《丧乱帖》中写道："丧乱之极，先墓再离荼毒，追惟酷甚，号慕摧绝，痛贯心肝，痛当奈何奈何！"悲痛之情跃出纸面，不是经历那个时代的人，又怎能有这样痛苦的悲号？永嘉之乱以后，北方陷入胡人与胡人、胡人与汉人的惨烈仇杀之中；南迁建康的汉人朝廷根基不稳，权力中枢政变不断，一个丧乱的大时代由此产生。但也正是由于中央权力式微，甚至于无中央，中国的思想与文艺领域空前自由、开放；玄学、佛学、哲学、文学、艺术都取得了突破性的进展，大有媲美先秦百家争鸣之势。

丧乱的时代背景，反而催生出了中国历史上思想最玄远、最清澄的灵魂。两晋及南朝的"名士"群体，是这个血腥的时代中卓然超群的存在，而这些人也在中国槟榔的历史当中留下了文辞优美的记载。晋室南渡以后，统治中心建康距离岭南地区已经不太遥远，与岭南的来往也日益频繁，使得许多名士也有机会接触到槟榔这种异物。

> 俞益期《与韩康伯笺》曰：槟榔，信南游之可观：子既非常，木亦特奇，予在交州时度之，大者三围，高者九丈。叶聚树端，房构叶下，华秀房中，子结房外。其擢穗似黍，其缀实似谷。其皮似桐而厚，其节似竹而概。其内空，其外劲，其屈如覆虹，其申如缒绳。本不大，末不小；上不倾，下不斜。调直亭亭，千百若一。步其林则寥朗，庇其荫则萧条。信可以长吟，可以远想矣。性不耐霜，不得北植，必当遐树海南；辽然万里，弗遇长者之目，自令恨深。[52]

这段文字是俞益期在南游过程中写下的《交州笺》中的一篇，其状物生动、音节铿锵、言语畅快，笔者认为冠绝古今所有对槟榔的描写。俞益期是豫章人，性情刚直，不肯附庸俗流，在家乡无法容身，只好到南方去寓居*，其《交州笺》未能传世，只在诸多类书中留下一些片段。韩康伯是颍川长社（今河南长葛）人，以玄学著名，在简文帝司马昱执政时期出任豫章太守，是典型的南渡北方名士。他的生平事迹记载比较详细，《世说新语》

---

* 即"豫章俞益期，性气刚直，不下曲俗，容身无所，远适在南"，出自［北魏］郦道元：《水经注·卷三十六·温水》，［2020-02-29］，https://ctext.org/text.pl?node=570346&if=gb。

中有十段故事与韩康伯有关。俞益期与韩康伯的交往应该发生在韩康伯任豫章太守后，时间大约在 346 年至 358 年之间，俞益期南游时不断写书信给韩康伯，后人辑成《交州笺》。俞益期南游最远到达了日南郡与林邑国交界处，是东汉马援立铜柱的地方，大概在今越南中部会安附近。俞益期南游的交通工具很可能是船只，因为他多次提到"海南"，《交州笺》的内容也多以沿海地理描述为多，也许他是在合浦或番禺乘船经海路抵达交州的。

俞益期、左思、嵇含等一干名士关注槟榔的角度与其他人很不一样。前文提到，东汉时期的杨孚、张仲景比较关注嚼食槟榔的药用价值，三国时期的万震的关注点是槟榔在岭南民俗中的地位。左思、嵇含、俞益期的关注点却在槟榔的"调直亭亭""千百若一""森秀无柯"。魏晋名士喜欢以物喻人，重视人物品藻，这些描述不可看作单纯的对植物的白描，其中亦有借物褒贬操行之意。所谓"森秀无柯"，是说槟榔树没有枝丫，一干笔直，喻没有二心，始终如一的意思；"调直亭亭"的寓意也相近。"千百若一"说的是槟榔树相互之间没有什么差别，即使几千几百棵树，也几乎是一样的，这里表示的是"无差别心"的意思。

熟悉中国文化的人都知道，以梅兰竹菊喻人，大概都是些好话；用蒲草、杨柳喻人，就让人有点儿难堪了。以植物比喻人的品格是很普遍的文化现象，欧洲文化传统用橡树来比喻骑士的良好品格，以至于有"橡叶骑士勋章"之赐；印度文化传统中莲花有特别的宗教意义，如莲花座。槟榔的寓意在于忠贞、无二心，是一种带褒义的植物，在政治上，是说忠臣不事二主，品行始终如一。这种寓意对于魏晋名士、高门上品这些有机会效力君主、统御黎庶的人来说，是政治品格上的寄情。尤其是在魏晋时期那般政治风云瞬息万变的时代，这种政治品格更显得难能可贵。

槟榔的寓意在后世逐渐发生了变化。魏晋名士本来讲的是槟榔的政治品格喻义，不过后世大多数的平头百姓并没有为君王效力、为百姓"服务"的机会。于是这种寓意慢慢地就从政治上的忠贞不贰，转化为了男女情爱上的忠贞不贰。官不是人人都有机会当的，但男女之情大概人人皆有。槟榔的"无柯"，由此转借为男女情爱专一的表征，于是乎后世有许多槟榔歌，主旨基本上都是关乎男女情爱的。

在广东东莞，槟榔歌还成为婚嫁当中的固定仪轨，是新嫁娘必备的功课。东莞槟榔歌的作者和读者都是女性，类型可分为敬槟榔歌和酬槟榔歌两种：敬槟榔歌是娘家女性亲戚写给新娘的，随婚礼数日后的槟榔（实物）赠礼一同给予新娘；酬槟榔歌是新娘回复给娘家女性亲戚的。[53] 屈大均 *在《广东新语》中说："女子既受槟榔，则终身弗贰。"[54] 这里槟榔忠贞不贰的寓意，就专

---

* 屈大均（1630—1696），广东番禺人，明末清初著名学者、诗人，为"岭南三大家"之首。自 16 岁起参加南明的各种抗清活动，曾遍历江南塞北、中原西蜀，与遗民顾炎武、李因笃、朱彝尊交往甚笃。曾参与郑成功进攻江南之役及多起江南抗清活动，1683 年，郑克塽降清，屈大均返回番禺，不再参与政治活动。此后屈氏致力于著述讲学，尤重于对广东文献、方物、掌故之收集编纂。屈大均毕生以明室遗民自居，誓死不降清朝。

门用来限定女性了。男性自然可以娶妻纳妾，不在此限。不过在哥哥妹妹的情歌对唱中，槟榔是不分男女皆可用以比喻自己的情爱忠贞的，因此槟榔常见于民歌中，只是到了婚嫁中才只专用于女性。关于槟榔的民俗，后文有专门篇章详表，这里还是回归本章主题，再谈谈东晋和南朝士人视域中的槟榔。

> 《罗浮山*疏》曰：山槟榔，一名蒳子，干势蔗，叶类柞。一丛千余干，每干生十房，房底数百子，四月彩。树似栟榈。生日南者，与槟榔驳荵，五月子熟，长寸余。[55]

《罗浮山疏》是袁宏所作，袁宏字彦伯，曾为谢奉的司马（军事参谋）；谢奉，字弘道，曾任安南将军、广州刺史。《罗浮山疏》显然是袁宏随谢奉到番禺任职期间实地考察后写成的作品。袁宏在前往番禺之前还有过一番纠结，《世说新语·言语》中有云："袁彦伯为谢安南司马，都下诸人送至濑乡。将别，既自凄惘，叹曰：'江山辽落，居然有万里之势。'"[56]袁彦伯之叹是千古名句，意境深远：他知道江山辽阔，但如今要亲自前往岭南，这万里江山竟要用自己的脚步丈量，实在是太远了！

东晋道教理论家、医药学家"抱朴子"，出身江南士族的葛洪在《肘后备急方》中记载了颇多用到槟榔的药方，在《治卒大腹水病方第二十五》《治卒患腰胁痛诸方第三十二》中各有一

---

* 罗浮山是岭南文化名山，在今广东省博罗县。

方用到槟榔；在《治卒胃反呕方第三十》中有三方用到槟榔。[57]
葛洪长年隐居在广东罗浮山，他熟悉槟榔的药用价值是理所应当
之事。

东晋时期关于槟榔的记载还有刘欣期的《交州记》："豆蔻，
似（木玄）树，味辛。堪综合槟榔嚼，治龈齿。"[58]徐衷的《南
方草物状》："槟榔，三月华色，仍连着实，实大如卵，十二月
熟，其色黄。剥其子，肥强可不食，唯种作子；青其子，并壳取
实，曝干之，以扶留藤、古贲灰合食之，食之则滑美。亦可生
食，最快好。交趾、武平、兴古、九真有之也。"[59]

综合以上记载来看，东晋时期的士人已经广泛了解了槟榔这
种植物，并且开始用它来比喻人物高贵的品格，但嚼食槟榔的习
俗可能还仅限于岭南人，这一时期未见有关于其他地方的人士嚼
食槟榔的记载。

第五节　名士风流（南北朝）

晋室南渡后，汉人的政治中心迁移到建康，离岭南已经比较
近了。建康的贵族士人不但熟悉了岭南的嚼食槟榔习俗，而且还
开始模仿起这种异域习俗来。到了南朝四代（宋、齐、梁、陈）
时，江南的士族开始普遍嚼食槟榔，各种文学作品中不乏对槟榔
的记载，可见当时嚼食槟榔已经不被认为是一种异域的、罕见的
习俗，而是司空见惯的贵族日常。当然，槟榔的种植不太可能越
过南岭，居住在江东地区的士族所吃的很可能是干燥保存的槟

榔。杨孚曾记载过保存槟榔的方法，当时也许已有类似于今天湘潭的干槟榔，但史籍中并没有翔实的记载。经历长途运输的异域物产在古代通常都是非常昂贵的，因此南朝能够嚼食槟榔的人，除了岭南槟榔产区的人以外，其他地方的应该都是贵族或者富商。从北朝的文献来看，北方贵族已经把南方贵族嚼食槟榔当作一种"吴俗"，[60]并且有少数人开始效仿南朝人的这种"风雅"。当然，北方的槟榔更加稀少而珍贵。

佛教在很大程度上推动了槟榔在中国的流行。槟榔在印度的佛教中就是重要的供养物，伴随佛教在中国南北朝时期的大发展，槟榔也被士庶各阶层普遍认知。当时中国南北的信众都把槟榔当作一种重要的礼佛斋僧供养物，从而使槟榔成了跨越南北界限的重要贸易品。自南北朝时期起，槟榔不再被中原人视为一个需要介绍的异域植物，基本上从《异物志》这类书中退场。

《南史》中明确记载了槟榔在南朝士族中的流行情况：

> 穆之少时，家贫，诞节嗜酒食，不修拘检。好往妻兄家乞食，多见辱，不以为耻。其妻江嗣女，甚明识，每禁不令往。江氏后有庆会，属令勿来，穆之犹往。食毕，求槟榔，江氏兄弟戏之曰："槟榔消食，君乃常饥，何忽须此？"妻复截发市肴馔，为其兄弟以饷穆之，自此不对穆之梳沐。及穆之为丹阳尹，将召妻兄弟，妻泣而稽颡以致谢。穆之曰："本不匿怨，无所致忧！"及至醉，穆之乃令厨人以金盘贮槟榔一斛以进之。[61]

刘穆之是南迁的北方士族，籍贯为东莞郡莒县（今山东莒县），是汉高祖刘邦的庶长子刘肥的后代。他世居京口（今江苏镇江），京口是北方士族南迁后聚集居住的地方，即著名的"北府兵"的根据地。刘穆之与南朝刘宋开国皇帝刘裕都出身京口，且都早年贫微，两人关系密切，但并不是亲戚。＊刘穆之屡次在刘裕出征时留守建康，总理朝廷内外事务，官至尚书左仆射（实权宰相）。刘穆之传虽见于《南史》《宋书》，但刘穆之在刘裕篡位前三年即已去世，并未做过一天刘宋的官，但他确实为刘裕取得大权立过头等的功劳。

这里说的是刘穆之年少时家贫，逢生日节庆时喜欢吃一点好东西，性格不拘小节，喜欢去妻舅家讨吃食，常遭到侮辱，他却不以为耻。刘穆之的妻子江氏很有见识，总是不让他去乞食，后来江家办聚会，妻子嘱咐刘穆之别去，但他还是去了。刘穆之吃完饭，还要槟榔吃，江氏兄弟戏谑他说："槟榔是消食的，你经常饿肚子，要这东西何用？"妻子江氏把头发剪去卖了买菜肴，替她的兄弟请刘穆之吃饭，从此以后不对刘穆之梳洗打扮。后来刘穆之做了丹阳尹，准备叫妻舅来（会餐），妻子哭着下跪（"稽颡"，即五体投地），想要辞谢（希望刘穆之对江氏兄弟宽宏）。刘穆之说："本来就不记恨，何必烦恼！"到酒酣时，刘穆之让厨子用金盘捧出一斛槟榔供他们（江氏兄弟）享用。

＊　宋武帝刘裕是汉高祖刘邦之弟楚元王刘交的二十二世孙，按照中国传统文化，"五服"之内才算亲戚，刘穆之与刘裕两人早已出了"五服"，不是亲戚了。

刘穆之吃槟榔想必是成瘾的，饭都吃不饱，还要吃槟榔，可见槟榔在东晋末年已经是士族常用的嗜好品。著名的典故"一斛槟榔"或"金盘槟榔"的出处就在这里，常用来比喻早先贫微，后来发迹，不计前怨；或喻因贫困而遭戏弄。斛是量米的容器，东晋时的一斛差不多相当于现在的二十升，现代大桶桶装水的容量大约就是二十升。这么大一盘槟榔放在江氏兄弟面前，能不让人惭愧吗？刘穆之的"不匿怨"大抵如此。唐诗中用到"一斛槟榔"典故的有李白的《玉真公主别馆苦雨赠卫尉张卿二首》——"何时黄金盘，一斛荐槟榔"[62]；卢纶的《酬赵少尹戏示诸侄元阳等因以见赠》——"且请同观舞鸲鹆，何须竟哂食槟榔"[63]。

《南史》中还有一则关于槟榔与孝道的故事：

> 昉父遥，本性重槟榔，以为常饵，临终常求之，剖百许口，不得好者。昉亦所嗜好，深以为恨，遂终身不尝槟榔。[64]

这里说的是关于孝的事情。任昉一生仕宋、齐、梁三代，以文章名重天下。他出身乐安任氏，母亲是闻喜裴氏，都是当时的高门大姓。任昉父亲任遥喜欢吃槟榔，平时常吃。任遥临终前要吃槟榔，但是打开了百余个槟榔都找不到好的。任昉虽然也嗜好槟榔，但因为此事怀憾，终身再也不吃槟榔。这里看得出南朝的士人不仅常吃槟榔，还要吃好槟榔。但是当年保存和运输槟榔并不容易，从岭南到江南的路上，也许有一多半的槟榔都要坏掉。任遥的运气更坏，打开了百多个槟榔都没有一个好的。刘穆之和任昉都是北方南迁士族，两人不曾到岭南任官，因此吃槟榔的习惯肯定是在建康附近养成的，南朝士族普遍流行嚼槟榔应无疑义。

南朝齐、梁时，关于槟榔的记载就更多了，南朝佛教的兴盛也助推了槟榔的流行。例如"读书万卷，犹有今日"的焚书皇帝梁元帝萧绎，曾主编《金楼子》，其中记载"有寄槟榔与家人者，题为'合'子，盖人一口也"[65]。后世《三国演义》中写曹操题"一合酥"，杨修逞机灵，让大家一人一口分食，可能是受这则故事的启发。槟榔要寄给家人，还要一人一口地分食，可见槟榔在南朝也算是珍品，价值颇高。

南齐萧氏宗室也有吃槟榔的习惯，在《齐书》中有体现：

> 嶷临终，召子子廉、子恪曰："……三日施灵，唯香火、盘水、干饭、酒脯、槟榔而已。朔望菜食一盘，加以甘果，此外悉省。葬后除灵，可施吾常所乘舆扇伞。朔望时节，席地香火、盘水、酒脯、干饭、槟榔便足……棺器及墓中，勿用余物为后患也……后堂楼可安佛，供养外国二僧，余皆如旧。"[66]

南齐宗室豫章王萧嶷要求在他死后以槟榔供奉，这是槟榔首次出现在中国人祭品中的记载。它的出现与萧齐宗室信奉佛教有关系。一般来说，古代祭祀必须有祭牲，对亲王的祭祀更要用到少牢（羊和猪），信奉佛教的萧巋在此特别嘱咐不要用祭牲，而用酒脯、槟榔代替。脯是肉干，在佛教概念中属于"三净肉"（不见杀、不闻杀、不疑为我而杀），槟榔则是佛教供养中常备的物品。这段记载一来说明萧巋生前很可能有吃槟榔的习惯，二来说明他企图用佛教祭祀来取代传统的华夏祭祀仪轨。萧巋在遗嘱中还提到了两件事情：一是薄葬，不要在棺椁中放置贵重的陪葬品，明面上说是为了避免被盗墓（后患），其实也是佛教的要求；二是要求家人继续供养外国二僧如故，萧巋佛教信徒的身份显露无遗。

齐、梁两代帝室很喜欢赐槟榔给臣属，这是此前没有过的事情，可以证明萧氏皇室也喜欢吃槟榔。现存多篇答谢赐槟榔的启文，有王僧孺的《谢赐干陁利所献槟榔启》曰："窃以文轨一覃，充牣斯及，入侍请朔，航海梯山，献琛奉贡，充庖盈府，故其取题左赋，多述瑜书，萍实非甘，荔蓏惭美。"庾肩吾的《谢赉槟榔启》曰："形均绿竹，讵扫山坛，色譬青桐，不生空井，事逾紫柰，用兼芳菊，方为口实，永以蠲疴。"《谢东宫赉槟榔启》曰："无劳朱实，兼荔支之五滋，能发红颜，类芙蓉之十酒，登玉案而上陈，出珠盘而下逮，泽深温柰，恩均含枣。"[67]齐、梁皇室赐槟榔，可见槟榔之物的确上得台面。不过皇室赐的槟榔并非常品，而是上佳的异域珍品，沈约得到的槟榔是交州产，王僧孺得到的槟榔则是干陁利产。《梁书》中说："干陁利国，在南海洲上。其俗与林邑、扶南略同，出班布、古贝、槟榔。槟榔特精好，为诸国之极。"[68]干陁利国即 Kandari，是苏门答腊岛的古名。[69]

南朝齐、梁吃槟榔的风气不但在南方盛行，还影响到了北朝。梁末陈初时的庾信有一首《忽见槟榔诗》：

> 绿房千子熟，紫穗百花开。
> 莫言行万里，曾经相识来。[70]

庾信的家族是南朝非常显赫的高门——新野庾氏，其家"七世举秀才，五代有文集"，父亲是前面提到的曾得赐槟榔的庾肩吾。庾信40岁以前是南朝梁的重臣，40岁以后是西魏和北周的重臣，一生"穷南北之胜"。这首《忽见槟榔诗》是在北朝时所作。"莫言行万里，曾经相识来。"庾信在北方偶然看到了南方流行的槟榔，睹物思情，满怀思乡之意。可见槟榔在北方是很罕见的物品，却是来自南方的庾信的旧相识。这也是南北朝时期首次在北方出现槟榔的记载。唐代李嘉祐曾作《送裴宣城上元所居》——"泪向槟榔尽，身随鸿雁归"[71]。这首诗用的就是"庾信见槟榔"的典故。

北朝关于槟榔的记载不止见于庾信的诗，北魏贾思勰的《齐民要术》也收录了槟榔条目，不过是在附录的卷十中，这一卷专记"非中国物产者，聊以存其名目，记其怪异耳。爰及山泽草木任食，非人力所种者，悉附于此"，槟榔、荔枝、椰子、杨梅都在此列，贾思勰也明确指出这些东西是中原种植不了的，《齐民要术》作为一部农书，存其名目也就足够了。槟榔条目引用了《与韩康伯笺》《南方草木状》《异物志》《林邑国记》《南州八郡志》《广州记》六种文献，没有贾氏的评述。[72] 也许贾思勰从来没有见过槟榔，只是在各种文献中得知此物，因此这段记载不能证明槟榔就出现在了北魏的土地上。

北朝另一份重要的历史文献《洛阳伽蓝记》中也出现过槟榔，是用来描述北朝人眼中的吴人形象的：

> 吴人之鬼，住居建康，小作冠帽，短制衣裳。自呼阿侬，语则阿傍。菰稗为饭，茗饮作浆。呷啜莼羹，唼嗍蟹黄。手把豆蔻，口嚼槟榔。乍至中土，思忆本乡。急手速去，还尔丹阳。[73]

这段话是杨元慎[*]对陈庆之说的，时值六镇起义，北魏大乱，梁大通二年（公元 528 年），武帝萧衍遣陈庆之北伐，命其护送北魏宗室北海王元颢北归称帝。陈庆之率七千将士破三十二城，胜四十七战，所向无敌，攻克洛阳。公元 528 年前后，当时陈庆之在洛阳生病，杨元慎去为他治病时说了这番话，意在劝陈庆之早日收兵回江南，让他"急手速去，还尔丹阳"。杨元慎这里列举了六种吴人的习俗：其一是以菰稗作饭吃，菰是茭白，菰稗就是茭白的籽实，也叫雕胡米，这种米在《礼记》中已有记载，种植菰稗不完全是吴俗，只是南方水乡种植得比较多。其二是以

---

[*] 杨元慎，北魏术士，居于洛阳。杨衒之《洛阳伽蓝记》载其"善于解梦"，"元慎解梦，义出万途，随意会情，皆有神验"。

喝茶代替喝酒浆，喝茶在唐代以后才从南方广泛传播到北方，确实是吴俗。其三是吃莼羹。其四是吮吸蟹黄。莼羹和蟹黄这两道菜只有南方水乡之人才能吃到新鲜的，至今仍是三吴之地的佳肴。其五是把玩豆蔻。其六是嚼食槟榔。豆蔻和槟榔这两种东西出自岭南，把玩豆蔻、嚼食槟榔也是当时吴人的日常。

杨元慎说这些话真实的意思是：吴人居住在卑湿之地，中原的高壤厚土不是给你们这些人住的，赶紧滚。这段话言语间极为无礼，是赤裸裸的地域歧视。其实地域歧视自古以来就史不绝书，举例而言，洛阳自汉魏以来，直至隋唐，一直是集中原经济文化荟萃之都会，《世说新语》中东吴陆机、蔡洪都在洛阳遭受过地域歧视。北方人对南方人的歧视直至北宋时仍然极为显著，譬如寇准对宋真宗所言的"南方下国，不宜冠多士"。也多亏陈庆之是个儒将，颇有雅量，要是换个对象，杨元慎立刻就身首异处了。

唐代编纂的《三国典略》记录了西魏及北周、东魏及北齐、梁及陈的重要历史，三方历史的编年体史书也有关于槟榔的记录：

> 齐命通直散骑常侍辛德源聘于陈，陈遣主客蔡凝宴酬。因谈谑，手弄槟榔，乃曰："顷闻北间有人为啖槟榔获罪，人间遂禁此物，定尔不德？"德源答曰："此是天保初王尚书罪状辞耳，犹如李固被责，云胡粉饰貌，搔头弄姿。不闻汉世顿禁胡粉。"[74]

这里说的是南陈的蔡凝接待北齐婚聘使者辛德源的事情。在宴席上，蔡凝一边手持槟榔玩弄，一边说："听说北方有人因为吃槟榔获罪，民间禁槟榔，这是真的吗？"辛德源回答说："这是天保（北齐文宣帝高洋年号，公元550—559年）初年王尚书的罪状上的说法而已，就好像东汉的李固获罪，罪状上说他用胡粉（产自西域的铅粉）饰貌，搔首弄姿，但没听说汉代禁胡粉。"

王尚书是仕官东魏北齐的王昕，字元景，王猛是其五世祖，北齐文宣帝高洋在天保初年褫夺其官职，天保十年再将王昕"斩于御前，投尸漳水"。高洋在斥责王昕的诏书中说他"伪赏宾郎之味，好咏轻薄之篇。自谓模拟伧楚，曲尽风制"[75]。王昕"雅好清言，词无浅俗"，是北朝名重一时的文人，在东魏时就已经做到正三品的荣衔金紫光禄大夫，他欣赏南朝文化，不但喜欢嚼槟榔，还喜欢咏南朝流行的新体诗（"轻薄之篇"），可谓全方位模拟南方的文化生活。

这桩事件透露出两个信息：第一是北齐的高官中是有人吃槟榔的，不过，吃槟榔恐怕是比较次要的事情，关键在于吃槟榔代表了一种崇尚南朝奢靡浮华风气的倾向，也象征着来自南方的"文化污染"，所以才能作为王尚书的罪状；第二是南朝中有北方禁止民间吃槟榔的传闻，这样的传闻恐怕不是空穴来风，想必有一定的根据。槟榔在北方是很昂贵的东西，又只在南方出产，北朝士族喜欢模仿南朝士族，南方嚼食槟榔的风气有蔓延到北方的趋势，如果吃槟榔的风气在北方流行起来，会导致财税流失到南朝，这对于北朝的军国大计是没有好处的，因此北朝的统治者不会希望槟榔传到北方。

在南北朝时期，北朝在大多数时间里都占据着军事上的优势，但在文化上却处于劣势。隋文帝统一南北朝以后，听到了来自建康的南朝音乐，便说："此华夏正声也。昔因永嘉，流于江外，我受天明命，今复会同。"[76] 连统一了南北的皇帝也认定南朝的音乐是华夏正声，当时南北文化的地位可见一斑。南朝梁元帝萧绎在江陵焚书时一次性毁灭了图书十四万卷，当时北周和北齐的官方藏书加在一起还不足两万卷，到了隋文帝的时候经过努力搜集，才使得官方藏书达到了三万卷。[77] 藏书数量很大程度上反映了国家的文化实力，南朝在侯景之乱以前，文化上是领先于北朝的。当时北朝的文化人对南朝的文学、艺术，乃至生活习惯都很向往，连南方士族嚼槟榔的习惯也要一并学习，于是才有了高洋斥责王昕的这条罪状。

第六节　随士族而逝的槟榔（隋唐）

隋唐时代，中国南北重新归于一统，不仅使贸易环境变得更加便利，也使得南北方的习俗出现了一次大融合，中国历史上的巅峰——盛唐时代的繁荣，正是南北经济、文化、社会充分融合后所取得的硕果。但槟榔并没有在隋唐时代迎来在中国的普遍流行，反而是随着南朝士族的凋零而逐渐走向没落。在隋唐以后的中国历史中，嚼食槟榔作为日常习俗基本局限在南方流行。槟榔在今福建、广东、海南、广西、云南的居民中是很普遍的嗜好品，在今南京、长沙、武昌、成都等地也常有出现。

到了北方，槟榔就不再是日常的嗜好品了，一般只会出现在两种场合：一是在药铺中，作为四大南药（槟榔、益智仁、砂仁、巴戟天）之首的槟榔是常用药品，隋唐以后的历代中医药书籍都十分强调槟榔的药用价值；二是在佛教场合中，作为斋僧礼佛的供养品而存在。在中国的皇室中，除了前面提到南朝梁的皇室经常把槟榔作为赏赐（据此推断其本身很可能也有嚼食槟榔的习惯）之外，再没有关于唐、宋、元、明的皇室嚼食槟榔的记载。但是有明确的记载显示，清朝的皇室是嗜好嚼食槟榔的，这在中国古代皇室中也是一个异数。清代旗人中有嚼食槟榔习惯的也不少，不过以目前的文献记载来看，似乎并没有对北方汉人形成太大的影响。

嚼食槟榔的习俗在中国未能进一步发展与士族的衰亡有很大的关系，槟榔成于士族，也败于士族。在中国历史上，中央权力与被统治的人民之间一直存在一个"介质"，在先秦时代，这个介质是封建的贵族；从汉到晋，这个介质是掌握儒家文化话语权且拥有大量土地的士族；在南北朝、隋唐五代，这个介质是掌握军事权力的军阀；从宋到清，这个介质是掌握土地、文化和生产的官绅。这里说的每个时期对应的"介质"并不是完全绝对的，而是指在这个时期里比较占优势的，比如说南朝时期士族与军阀同时存在，前期士族的势力大一些，后期军阀的势力大一些。这中间有一些历史时期，中央权力企图不依赖"介质"而直接统御万民，但这样的王朝都不能持久，如秦朝、隋朝。"介质"也会随着时代的推移而发生变化，由贵族而士族、而军阀、而官绅，他们的权力是越来越小的，世袭的程度也是不断减弱的，到了明清时代，官绅只能凭借买书读书的经济实力和结交的人际关系网络来尽量使自己在科举中获得一点优势。

士族势力的消亡经历了一个比较漫长的过程。魏晋时期是士族占绝对主导地位的时代，西晋灭亡以后，在北方，胡人入主中原以后，在武力上依赖胡人军阀，但是在管治中原百姓、获取税收上还是要倚重汉人士族。在南方，东晋末期，依靠抵御北方势力南下而逐渐强大起来的寒族军人掌握了武力，但是士族仍然掌握着朝廷的话语权。整个南北朝时期，士族虽然在南北两边都不能掌握皇位，但仍然在政权中占有举足轻重的地位。到了隋唐时期，军阀势力业已发展壮大，科举制度又使得门第不高的寒族子弟获得了一定程度的话语权，均田制和租庸调制使得士族赖以维系的庄园经济逐渐瓦解，种种因素叠加使得士族势力在唐末逐渐退出政治舞台。

南方士族比北方士族没落得更早一些，在隋灭陈以后，南朝政权彻底瓦解，南方的侨姓士族四大姓（王、谢、袁、萧）中，只有兰陵萧氏以较低的地位进入北方政权，而吴中四姓（顾、陆、朱、张）则被北方政权完全排斥在野。北方士族在隋唐时期也要被分为两支来看待，关东士族，也就是东魏、北齐的高门四姓（崔、卢、王、郑）中，原是一等士族的清河崔氏，到了唐太宗时期被强制降为三等士族，地位有所下降。关中士族的地位，即由西魏而北周、而隋唐的关中四大姓（韦、裴、柳、薛），在隋唐时期基本上仍能保持优势地位，这一点我们从李唐皇室的联姻家族中能看出一些端倪。

在南朝时期，槟榔主要依托南方士族而流行。当然，这里所谓的流行也只限于社会中上阶层。虽然史料上关于三吴地区的平民吃或者不吃槟榔的记载比较少，但根据种种文献可推测，那时候在岭南以外的地区，槟榔还是比较昂贵的，不是一般平民能够消费得起的。全世界的历史文献都有一种严重的偏向性，即局限于记载社会上层的事情，记录皇家和贵族的活动，记录政治、军事、文化上的事情，平民百姓只要不发生瘟疫饥荒、不造反，一般就不会被载入史册。槟榔被运出岭南的原产地以后，它的传播肯定不是全面的，而是沿着贸易的线路和节点。古代贸易很依赖水路运输，比如沿着湘江、赣江，然后到长江的贸易线路就是槟榔抵达江陵、建康最有可能的途径，沿途的重要贸易节点也可能比较容易获取槟榔，从而在这些地区形成嚼食槟榔的习俗，不过应该只限于贵族和富裕的商人，占人口绝大多数的种田人是吃不起槟榔的。

隋灭陈以后，开皇九年（公元 589 年），隋文帝诏建康城邑、宫室，并平荡耕垦，[78] 彻底摧毁南方的政治和文化中心，并将少数臣服于隋朝的南朝士族带回长安安置。唐代孙元晏有诗"文物衣冠尽入秦，六朝繁盛忽埃尘"[79]。自此，从孙吴起，在秣陵的基础上建设起来的六朝繁华都会建康，其宫殿府邸、亭台楼阁全部被夷为平地，辟作农田。在隋唐的大部分时间里，今天的南京不过是一个叫作"江宁"的小县城罢了。直到唐末大乱，占据江淮之地的杨吴政权才把江宁县升格为金陵府，渐渐恢复都邑规模，但其都城仍在江都（今江苏扬州），继杨吴政权后的南唐政权才定都于江宁府。

推想在陈覆灭以后，江南士族既已不存，连建康都邑也尽毁，从岭南到建康的槟榔贸易完全废止，槟榔在南朝的盛行最终归于寂灭，只在其原产地岭南仍有流行，故而在隋唐时代的文献记载中极少出现。唐代，刘恂的《岭表录异》和樊绰的《云南记》（又名《蛮书》《云南志》）中出现过比较详细的关于槟榔的记载。杜佑在《通典》中记载"安南都护府贡蕉十端、槟榔二千颗"[80]。唐诗中所出现的"槟榔"只限于引用前文提到过的刘穆之"一斛槟榔"和"庾信见槟榔"的典故。

刘恂在《岭表录异》中对槟榔的记录如下：

> 槟榔，交、广生者，非舶槟榔，皆大腹子也。彼中悉呼为槟榔。交趾豪士，皆家园植之，其树茎叶根干，与桄榔、以綦小异也。安南人自嫩及老彩实啖之，以不娄藤兼之瓦屋子灰，竞咀嚼。自云交州地温，不食此，尾骹祛其瘴疠。广州亦啖槟榔，然不甚于安南也。府郭内亦无槟榔树。[81]

这里槟榔重新出现在了"异物志"体例的记载中，可见唐代对于槟榔的认知已不及南朝时期。这里把槟榔分为海外进贡的"舶槟榔"和本土产的"大腹子"。大腹子常见于中药名称中，可见来自河北雄县，任广州司马的刘恂，对槟榔的基本认知还是有的，不过只是将其看作一种药材。这里的安南和交州都是指今越南北部地区，广州则是指今两广地区，并非今广州市。他发现交州人槟榔吃得多一些，广州人吃得少一些，唐代汉人吃这个东西还是为了辟除瘴疠。这个时期是历史地理学家一般称为"中世纪小冰期"的时代，两广冬季的气候可能还是比较寒冷的，所以槟榔在越南北部"家园植之"，而两广"府郭内亦无"。

《太平御览》引《云南记》记录如下：

> 云南有大腹槟榔，在枝朵上，色犹青。每一朵有三二百颗。又有剖之为四片者，以竹串穿之，阴干，则可入停。其青者，亦剖之，以一片青叶及蛤粉卷和，嚼咽其汁，即以碱涩味。云南每食讫，则下之。
>
> 又曰：云南多生大腹槟榔，色青，犹在枝朵上，每朵数百颗。云是弥臣国来。
>
> 又曰：云南有槟榔，花糁极美。
>
> 又曰：平琴州有槟榔，五月熟。以海螺壳烧作灰，名为贲蛤灰，共扶留藤叶和而嚼之，香美。[82]

樊绰的记载是史籍中第二次出现"云南槟榔"，第一次是在西晋王隐的《蜀记》中。樊绰的《云南记》成书于公元862年前后，主要是参考公元800年前后曾出使南诏的湖南观察使袁滋的《云南记》写成的，袁滋和樊绰的原书在南宋时都已佚失。樊绰记载中的"弥臣国"大约在今缅甸南部的伊洛瓦底省一带，他明确指出云南嚼食槟榔的习惯来自中南半岛西部。

　　槟榔在东晋和南朝时期经历过一拨在中国文化中的大流行以后，到了隋唐时期归于沉寂，回到它作为一种岭南方物的本来地位。回顾槟榔在公元 3 世纪至 6 世纪之间的流行，除了有南迁士族作为主推手以外，还有两个方向上的推力值得一提，分别是南传佛教带动槟榔流行，以及中医药在东晋以后对南方物产的大范围吸纳，促使槟榔作为药物的地位被广泛认可。东晋和南朝时期佛教的传播和医药的发展，使得中国人对槟榔的认知进一步加深。而隋唐以后，虽然槟榔在中国的统治阶级中基本没再出现如南朝那样的流行，但中国人对槟榔的认知已经不可磨灭，槟榔已经内化为中国文化的一部分了。

第三章

八面玲珑的岭南异果：
槟榔中的中国文化

槟榔在古代中国文化中有"四副面孔"。第一副面孔是医家的"洗瘴丹"，槟榔是重要的中药，有良好的驱虫、止痛效果，是四大南药之首，因而这副面孔为大部分中国人所熟悉。第二副面孔是佛教的供养物，源自印度佛教就有的以槟榔斋僧供佛传统，这个形象主要流传于佛教僧侣和信众当中，有助于强化佛教的本源意识。第三副面孔是士绅阶层崇尚的"槟榔无柯"形象，这个形象在历代文学作品中有很突出的表现，这副面孔主要由文化人塑造和传承，表达忠贞不贰、始终如一的意思。第四副面孔是民间的"定情物"形象，哥哥妹妹的情歌对唱中经常出现槟榔，这个形象与嚼食槟榔后出现的发热、上头感觉是相对应的，槟榔的这副面孔主要在岭南风俗中出现，乃至于成为婚俗中的必备品；在北方地区，则更偏重情爱的喻义，有非正式关系的暗示。

　　本章的逻辑线索主要依据槟榔在中国文化中的喻义分类，并兼顾所引用史料的时间顺序。第一节"南药之首"专讲在中医药文化中的槟榔；第二节"佛门清供"专讲在佛教文化中的槟榔；第三节"诗家名物"专讲在历代诗篇中的槟榔，尤重槟榔在诗歌中的喻义；第四节"粤闽土风"专讲在闽粤地区风俗文化中的槟榔；第五节"满洲异数"主要讨论清代满洲贵族中流行的槟榔文化；第六节"槟榔与情爱"讨论槟榔在中国南北的定情物和婚俗必备物中的文化地位。本章时间上大致可以对应从唐代到晚清的近1 300年历史，但并不像上一章那样严格地按照时间划分。因为槟榔在进入中国文化以后，它的文化形象是多条线索并进的，不能再按照时间顺序逐一罗列。

第一节　南药之首

槟榔作为中药，先是出现在东汉张仲景的《杂疗方》和李当之的《药录》中，此后历代中医药书籍皆有收录槟榔，东晋葛洪《肘后备急方》中有五方用到槟榔，陶弘景在《名医别录·中品·卷第二》中首次对槟榔做出了性味药性的归纳性判断："槟榔，味辛，温，无毒。主消谷，逐水，除痰，杀三虫，去伏尸，治寸白。"[1]唐代孙思邈《千金要方》书中有十方用到槟榔，多数是治疗消化道疾病的；宋代《太平惠民和剂局方》中有三十二方用到槟榔，《类证普济本事方》《证类本草》《苏沈良方》《博济方》《济生方》《仁斋直指》《急救仙方》等医书中普遍出现槟榔；元明清直至现代的中医药中，槟榔都是必备而常用的药材。

《名医别录》中对槟榔药性的归纳一直为中医药各家所沿用，《增广和剂局方药性总论》《药鉴》《药性论》《证类本草》等书中对槟榔的描述皆大同小异，清代陈士铎《本草新编》对槟榔的描述最为详细："槟榔，味辛、苦，气温，降，阴中阳也，无毒。入脾、胃、大肠、肺四经。消水谷，除痰癖，止心痛，杀三虫，治后重如神，坠诸气极下，专破滞气下行。"《本草纲目·卷三上》中说槟榔可以"除一切风、一切气，宣利脏腑。治泻痢后重，心腹诸痛，大小便气秘，痰气喘急。疗诸疟，御瘴疠"[2]。中医药各家对于槟榔的性味归经认知基本一致，都是"性味辛、苦、温，归胃、大肠经"。对于槟榔的功效也有一致的认识，都是"杀虫，消积，行水"。

槟榔是古代中原人对抗南方"瘴气"的首选用药，这一点在前文"洗瘴丹（东汉）"一节中已经有详细的表述。《本草新编》中有一段文字对于槟榔为什么能除瘴气做出了很有趣的解释："岭南烟瘴之地，其蛇虫毒瓦斯*，借炎蒸势氛，吞吐于山巅水溪，而山岚水瘴之气，合而侵人，有立时而饱闷晕眩者。非槟榔口噬，又何以迅解乎。天地之道，有一毒，必生一物以相救。槟榔感天地至正之气，即生于两粤之间，原所以救两粤之人也。"[3]这一段文字说槟榔是感天地正气而生，颇有点天人感应，上天有好生之德的意思。

---

* 此处"毒瓦斯"是有毒气体之意，瓦斯一词源自荷兰语 gas，泛指气体，此词自明末即已传入中国。

现代高校教材《中药学》将槟榔归类为"驱虫药"，并总结出了三种主要的临床应用：其一是杀虫，作用广泛，可用于驱杀多种肠寄生虫，如绦虫、蛔虫、蛲虫、钩虫、姜片虫等，而以治绦虫疗效最佳（绦虫就是古代医书所说的寸白，蛔虫、蛲虫、姜片虫在古代医书中合称为三虫），并以泻下作用驱除虫体为其优点；其二是用于食积气滞、脘腹胀痛、大便不爽，可以消积导滞，兼能缓泻通便；其三是行气利水，临床上多用为治脚气水肿的要药。[4]

槟榔还可以被细分为各种类型，《槟榔谱》中有详细的解释：小而甜的叫山槟榔，大而涩的叫猪槟榔。最小的槟榔叫蒳子，俗称槟榔孙，也可以叫公槟榔。圆大的槟榔叫母槟榔。槟榔芯没有成熟的状态叫槟榔青，大腹皮用的就是这种青皮壳。青槟榔连芯一起吃，味道醇厚芳美。槟榔完全成熟以后，里面的芯叫榔玉子，连外面焦黄的外壳一起，就叫作枣子槟榔。[5]

槟榔作为中药有多种形态，用雄花蕾入药叫槟榔花，用未成熟的果实叫枣槟榔，用果皮叫大腹皮，用清炒法炒制去皮种子叫炒槟榔，炒至焦黄的叫焦槟榔。现代研究证明，槟榔中主要的有效成分是槟榔碱（arecoline，$C_8H_{13}NO_2$），槟榔碱对中枢神经的作用与尼古丁类似，能够增强神经敏感度，使人感到放松和愉快。人们通常说吃槟榔有提神醒脑的功效，因为槟榔碱能够起到促进神经系统兴奋和短期提升反应速度的效果。然而槟榔碱遇热容易分解，故槟榔以生用为佳，古人对此也早有认知，南朝刘宋时雷敩的《雷公炮炙论》中说槟榔"勿经火，恐无力效。若熟使，不如不用"[6]。不过，新鲜的槟榔不耐运输储存，在槟榔产地以外的中国绝大多数地方，人们接触到的药用槟榔还是干制的。唐代《新修本草》中说"皆先灰汁煮熟，仍火薰使干，始堪停久"[7]，这里的火薰并非是给槟榔增添烟熏的风味，而是一种焙干的工序。

从现代实证医学的角度来看，槟榔的驱虫作用是被广泛认可的，也是在临床中被广泛使用的。在中国于 20 世纪 50 年代从苏联引进蛔蒿和"宝塔糖"以前，槟榔一直是中国最主要的驱虫药物，且即使在有了主驱蛔虫的"宝塔糖"以后，槟榔由于驱虫效果更为广谱，因而在民间也一直被持续使用。到了 20 世纪 80 年代以后，更为安全有效的合成驱虫药物左旋咪唑被引入中国，自此才基本替代了槟榔的驱虫临床应用。传统中医药关于槟榔的另两类应用，即消积、行水，则缺乏现代医学证实。

在古代中国，槟榔经常被用作应对瘟疫的药物，各种防疫药方中用到槟榔的数不胜数。明末吴有性在明清迭代之际大疫的背景下，始创瘟疫学说，著《温疫论》，其名方"达原饮""三消饮"皆以槟榔为首选用药。"达原饮"配方为槟榔（二钱）、浓朴（一钱）、草果仁（五分）、知母（一钱）、芍药（一钱）、黄芩（一钱）、甘草（五分）。《温疫论》中详细解释了用药原理："槟榔能消能磨，除伏邪，为疏利之药，又除岭南瘴气；浓朴破戾气所结；草果辛烈气雄，除伏邪盘踞；三味协力，直达其巢穴，使邪气溃败，速离膜原，是以为达原也。"[8]

在古代中国，朝代更迭之际往往伴随大量人口消亡，葛剑雄估算明末人口峰值约为 2 亿人（1628 年之前），并推算在 1655年，明清交接之际人口谷底约有 1.2 亿人。⁹ 在短短的 27 年内，人口消亡了 8 000 万之多，超过三分之一。历代史家多将人口消亡归因于三：兵燹、饥荒、瘟疫。由于中国传统史观强调对统治者的道德教化，希望统治者约束军队、施行仁政，受此影响，史家对屠杀、兵燹着墨格外多，造成了由于朝代更迭之际的大屠杀导致人口锐减的印象。笔者认为，在古代中国，缺乏大规模杀伤性武器的情况下，直接死于军队屠杀的人是比较有限的，人口锐减的主要因素应是饥荒和瘟疫。在明末的情况下，天灾（包括瘟疫）和社会失序造成饥荒，饥荒产生大规模的流民，又进一步加剧了瘟疫的传播和社会失序的扩散，导致大范围的人口损失。因此，瘟疫应当被视作考察中国人口发展历史的重要线索，而中国人在对抗瘟疫中特有的"武器"，就是槟榔。

即便到了 21 世纪，中医仍将槟榔作为对抗瘟疫的用药。在2020 年年初新型冠状病毒肺炎疫情蔓延期间，国家卫生健康委办公厅印发《新型冠状病毒肺炎诊疗方案（试行第七版）》，其中在临床治疗期推荐使用的三份方剂中含有槟榔。其中一例如下：

【湿热蕴肺证】

临床表现：低热或不发热，微恶寒，乏力，头身困重，肌肉酸痛，干咳痰少，咽痛，口干不欲多饮，或伴有胸闷脘痞，无汗或汗出不畅，或见呕恶纳呆，便溏或大便粘滞不爽。舌淡红，苔白厚腻或薄黄，脉滑数或濡。

推荐处方：槟榔 10g、草果 10g、厚朴 10g、知母 10g、黄芩 10g、柴胡 10g、赤芍 10g、连翘 15g、青蒿 10g（后下）、苍术 10g、大青叶 10g、生甘草 5g。[10]

可以看到这个药方跟"达原饮"极为类似，都以槟榔、草果和厚朴（浓朴）作为主要配方，明显是从"达原饮"演化而来。瘟疫在中医里属"疫"病范畴，病因是人体感受"疫戾"之气，由于槟榔在中医药理中有"下一切气"之功效，因此是中医在治疗各类瘟疫时的首选用药。

槟榔除了极为明显的驱虫效果以外，还有许多别的药用价值。槟榔对神经系统和内分泌系统有兴奋作用，可以刺激大脑皮质，使血管扩张、血压下降，使人面部红润、身体发热、微微出汗。槟榔还能对消化系统起作用，增加唾液分泌和肠道蠕动，因此可以提升食欲、促进排便。槟榔对某些病原微生物有抑制作用，因此的确有改善口气、防止龋齿和牙周病的功效。还有一些实证研究证明，槟榔有助于改善心脑血管系统，还有抗氧化和抗抑郁等作用。[11]

虽然槟榔是一种极为有用的药物，但它与口腔癌之间的密切关联也早已为大众所熟知。早在 20 世纪 60 年代就已经有明确的证据证明嚼槟榔容易导致口腔癌，后来，世界卫生组织下属的国际癌症研究机构（IARC）明确提示槟榔为一级致癌物。在全球范围内，58% 的口腔癌与嚼食槟榔有关，而中国的口腔癌也多发于海南省和湖南省两地，与嚼食槟榔习惯密切关联。[12]除了导致口腔病变以外，槟榔还有生殖细胞毒性、肝细胞毒性等明确的副作用。[13]

古人在当时的环境和医疗条件下嚼食槟榔，一来是没有别的更好的驱虫选择，二来是没有别的获取槟榔有效成分的更好的办法，因此总的来说还算是利大于弊的，且古人的平均寿命较短，发病时间较长的癌症并不是首要的顾虑。现代人嚼槟榔则明显是弊大于利的。从驱虫的角度来说，现代有更有效、更安全的驱虫药可供选择；从提神的角度来说，茶叶和咖啡等含有咖啡因的饮料也能起到不错的效果，而且副作用更小；从预防龋齿和改善口气的角度来说，现代人刷牙和漱口的习惯更能起到良好的效果。总的来说，现代人若要利用槟榔的种种功效，不妨采取将槟榔的有效成分提纯，对症应用的做法，而不是沿用数千年来直接嚼食槟榔的老方法。

第二节　佛门清供

中国嚼食槟榔的传统实际上有三个来源。第一个，也是影响力最大的来源是前文已经详细分析过的南岛语族当中某个存在于岭南地区的部落，他们嚼食槟榔的习俗，经过赵佗的"和辑百越"策略而渐渐传到汉人中去。第二个，也是前文提到云南的槟榔时叙述过的，是从中南半岛嚼食槟榔的缅、傣、孟、高棉、越等族群中传播到云南的路径，这部分的影响力只限于西南地区，并且主要在汉人以外的族群中流传，传播范围比较有限。第三个，是主要受佛教传教驱动的来源，槟榔从西北方向传入中国，这一条线路绕青藏高原北行，即传统的丝绸之路，也是三藏法师玄奘走过的道路。前两条路径上槟榔的传播与佛教有关，但关系并不是特别突出，然而在第三条路径上，槟榔的传播则几乎完全依靠佛教传播的驱动。

佛教向北传播的道路渐渐远离热带地区，而一旦远离了热带或亚热带地区，槟榔便难以生长。但是，在印度时就基本完善了各项戒律仪轨的佛教，已将流行于印度的槟榔列入了佛门三十五大供养中。

《文殊师利问经·卷上·菩萨戒品第二》中说：

> 佛告文殊师利："有三十五大供养，是菩萨摩诃萨应知。然灯、烧香、涂身，涂地香、末香、袈裟及伞；若龙子幡并诸余幡，螺鼓、大鼓、铃盘，舞歌以卧具，或三节鼓、腰鼓、节鼓并及截鼓；曼陀罗花持地洒地，贯花悬缯，饭、水、浆饮可食、可啖，及以可味香和槟榔、杨枝、浴香，并及澡豆，此谓大供养。"[14]

《文殊师利问经》是南朝梁时被翻译成汉文的佛经，译经者是来自扶南国（今柬埔寨南部）的高僧僧伽婆罗。此经是很重要的早期佛教经典，将这里关于槟榔的记载与本书前文"古印度历史中的槟榔"一节相对照，我们可以得知关于佛教与槟榔的关系的几个基本事实：

（一）佛教的流传区域与槟榔嚼食区域是高度重叠的；

（二）在佛陀诞生以前，古印度就已经有了嚼食槟榔的习惯；

（三）佛教早期经典中就明确了槟榔是重要的供养物之一。

如果《文殊师利问经》中所述为真，那么佛陀本人很可能也是嚼槟榔的。古印度历史上关于阿育王和杜多伽摩尼的资料，都有布施给僧人槟榔的记载。*这说明槟榔在古印度佛教中是一种重要的"香口物"。三藏法师玄奘在印度那烂陀寺求学期间每日可得到"担步罗叶一百二十枚，槟榔子二十颗，豆蔻子二十颗，龙香一两，供大人米一升，酥油乳酪石蜜等"[15]。

佛教在印度古代时就已经对僧人是否可以吃槟榔有过细致的讨论，主要原因是槟榔能够产生类似于"醉"的感觉，如苏轼就曾写过"暗麝著人簪茉莉，红潮登颊醉槟榔"之句。佛教一般禁止饮酒，因此对这种"醉槟榔"的感觉比较敏感，讨论的结果是可以吃：

> 然以槟榔及稗子等，虽亦能令少时微醉而不放逸，由许食故，不成犯戒。[16]

中国僧人还进一步讨论过这个问题：

---

* 见本书"古印度历史中的槟榔"一节中有关《岛史》和《大史》的部分。

且如西方诸处，时人贵贱，皆啖槟榔、藤叶、白灰、香物相杂，以为美味。此若苾刍为病因缘，冀除口气，医人所说，食者非过，若为染口赤唇，即成不合。[17]

这里说，如果是为治病，为除口气而嚼槟榔，没有问题；如果为了染口唇颜色而嚼槟榔，就不可以。现在中国台湾有些寺院不允许在寺院范围内嚼槟榔，比如学者林富士就以自身经验表明："我在台湾生活已逾五十年，无论公私场合，我也从未见过出家的僧尼吃槟榔。"[18] 这种举措可能是出于环境卫生和现代医学角度的考虑，是台湾一地由于对槟榔的"污名化"而产生的独有现象。佛教在传统上是允许吃槟榔的，笔者在海南和湖南的寺庙中就没有发现任何对于槟榔的明文禁令，但大概是由于吃槟榔会产生类似"酒醉"的感觉，笔者接触到的湖南和海南僧尼当中并没有嚼槟榔的；在湘潭，更是有一种关于当地槟榔习俗起源的说法涉及僧人，言及湘潭于顺治初年遭清军屠城，城内尸横遍野，一位老僧嚼槟榔收尸，遂使嚼槟榔习俗广布湘潭。在缅甸、泰国等南传佛教兴盛的国家，寺庙中槟榔树比比皆是，也偶有见僧人嚼槟榔。

佛教向东亚传播有两条主要的路径：南线是经中南半岛向东亚传播，北线是经中亚干旱地带向东亚传播。南线佛教传播所过之处，早有嚼食槟榔的习俗，且是槟榔能够生长的热带和亚热带气候区域。北线则不然，槟榔在中亚地区不能生长，只能依赖商旅源源不绝从印度运来。尽管北线佛教传播路径上不产槟榔，但我国新疆尼雅遗址出土的佉卢文书中，还是出现了关于槟榔的记载。[19]尼雅遗址是公元4世纪以前存在的"精绝国"的遗迹，其国信奉佛教，至今遗迹中仍有多处佛塔，尼雅佉卢文书中提到的槟榔，很可能是从印度而来，专为供奉僧人而运输到万里之外的精绝国，可见槟榔与佛教纠缠之深。

南线佛教传播的路径上普遍沿袭了古印度以槟榔斋供僧人的仪轨，我国唐代僧人义净的《南海寄归内法传》中有详细的记载：

> 然南海十洲，斋供更成殷厚。初日将槟榔一裹及片子香油并米屑少许，并悉盛之叶器安大盘中，白氎盖之。金瓶盛水当前沥地以请众僧，令于后日中前涂身澡浴……方始请僧出外澡漱，饮沙糖水多啖槟榔，然后取散……僧各揩手令使香洁。次行槟榔豆蔻糅，以丁香龙脑咀嚼能令口香，亦可消食去癃……
>
> 或初日槟榔请僧，第二日禺中浴像，午时食罢齐暮讲经。[20]

义净所说的"南海十洲"，是对马来群岛的泛指，从他的旅程来看，上述事件应该发生在苏门答腊岛。苏门答腊岛上的人们本来就有嚼食槟榔的习惯，而那里也是重要的槟榔产地，《梁书》中所说"干陁利国……槟榔特精好，为诸国之极"即是此处。从义净的描述来看，在南传佛教的佛门供养中，槟榔的使用十分频繁。南传佛教对寺院中种植的植物有所要求，除了必有一尊释迦牟尼的塑像，不少于五个僧侣外，寺院里必须种植"五树六花"，"五树"是指菩提树、高山榕、贝叶棕、槟榔和糖棕，"六花"是指莲花、文殊兰、黄姜花、鸡蛋花、缅桂花（学名白兰）和地涌金莲。"五树六花"全是热带和亚热带植物，而我国大部分地区属于温带气候，很难种植，因此在汉传佛教中一般只在文献和造像中体现。由于南传佛教寺院中常种植槟榔，因此僧人不管是自用，还是礼佛，抑或是招待客人，都经常用到槟榔。

前文说过，槟榔在南朝十分流行，这种情况在佛教典籍中亦有体现。在主要记述天台宗创始人智顗大师事迹的《国清百录》中，有两品涉及槟榔。南朝陈太建十年（公元 578 年），毛喜奉寄槟榔 300 颗给智顗大师[21]；至德三年（公元 585 年）陈后主请智顗大师在灵曜寺讲《仁王经》，布施槟榔 2 000 颗[22]。隋朝以后接受过槟榔作为供养的僧人也有很多，比较知名的有唐代的鉴真、宋代的惠洪、元代的宣无言、清代的释大汕。[23]

唐代佛教典籍《法苑珠林》中还讲了一个僧人以槟榔款待客人的故事，说南朝宋时有个叫王胡的人，叔叔死了数年后，突然回家说要带王胡游历幽冥，让他知道因果报应的事情，后来王胡被带到了嵩山，有两个僧人用"杂果槟榔"款待他。[24]这个故事说明，不单信众用槟榔供奉僧人，僧人也用槟榔来招待信众。

禅宗语录中也出现过槟榔，唐代睦州道明禅师有一段禅语是这样说的：

师云：老僧入你钵囊里。主云：和尚为什么在学人钵囊里？师云：有什么槟榔豆蔻速将来。主云：和尚欠少个什么？师云：这贼今日败也。[25]

宋代福州志端禅师也有一段关于槟榔的禅语：

师曰：阿谁？僧曰：某甲。师曰：泉州沙糖，舶上槟榔。僧良久。师曰：会么？僧曰：不会。师曰：尔若会，即廓清五蕴，吞尽十方。[26]

如同大多数禅语一样，这两段话的意思让人很难理解，不过这两段禅语中提到了槟榔、豆蔻、沙（砂）糖，这三种东西都来自印度，都是佛经中有明确记载的事物，说明两位禅师对佛经中经常出现的槟榔很熟悉。汉传佛教中有时会故意提及一些来自印度的事物，这有助于加强佛教的本源意识。

以槟榔礼佛不但常见于文字记载，更有考古证据。1993年发现的河北宣化辽代古墓，墓主人叫张文藻，出身辽国豪族，信奉佛教，葬制完全采用佛教仪轨，为西天荼毗礼葬式*。整座墓葬中有许多地方显示出墓主人有强烈的佛教信仰，其中包括多处板壁和棺材五面皆书写佛经。这座墓葬有一桌宴席陈列于棺前，其中有两盘槟榔。宴席桌后的板壁上以梵文、汉文书写佛教经咒，如彩图6所示。

---

* 西天荼毗礼葬式是将遗体火化后的骨殖装入木雕偶像，再装入棺中埋葬的葬式，北京大兴的辽代马直温夫妻合葬墓也用这种葬式，由此可见这种葬式在辽代信仰佛教的汉人中颇为流行。

笔者认为此处出现槟榔，不一定就意味着辽代的宣化有在酒席上常备槟榔的习俗，考虑到这是在墓葬中陈列的宴席，可能与日常生活中的宴席有所不同。如果辽代的宣化有嚼食槟榔的习俗，那么其他历史文献中应该有所反映，但是笔者目前尚未发现其他关于辽代嚼食槟榔的证据，而且彩图6所示的这桌宴席中完全没有出现肉类[*]，有栗子、梨、葡萄、豆类、面食等素供，还有一瓶可能是葡萄酒的液体。基于以上两点原因，笔者认为这桌宴席很可能是按照佛教仪式陈设的，与前文提到过的南朝齐宗室豫章王萧嶷的遗嘱[†]参照来看，很可能是类似萧嶷所说的祭祀陈设的实物证据，是墓主人佛教信仰的体现。

　　不过就张文藻墓出土的槟榔实物来看，北至辽国宣化也能获得槟榔，说明当时槟榔作为贸易品输送到北方的确是历史事实，这里的槟榔应该是辽通过与北宋进行贸易而得到的。长途运输的贸易品可能价值高昂，不是平时常用之物，但作为宗教供奉物品则较为可能，毕竟人类为了宗教信仰常常不吝惜金钱。

第三节　诗家名物

　　唐诗中槟榔出现的次数比较少，只有白居易两首，李白、卢

---

[*]　也许有人会争议，可能宴席中原本有肉类，只是经历较长时间而腐败消解了。笔者认为，既然各种素供皆留有痕迹，肉类也不可能完全消解而不留下任何遗存。

[†]　"三日施灵，唯香火、盘水、干饭、酒脯、槟榔而已。"

纶、李嘉祐、元稹、沈佺期、皇甫松、徐成、曹邺各一首提到过槟榔*，大多是引用"一斛槟榔"典故。其中，只有元稹的《送岭南崔侍御》一首以岭南风俗提及槟榔，全诗较长，此处只录关于槟榔的片段：

> 桄榔面碜槟榔涩，海气常昏海日微。
> 蛟老变为妖妇女，舶来多卖假珠玑。[27]

元稹是世居洛阳的北魏宗室后人，平生不曾到岭南，最南到过浙东，诗中所言岭南风俗应是听闻而非实见。此诗主旨是列举岭南风土人情的险恶，嘱咐崔侍御处处留心，可见洛阳人士对于岭南仍持有深深的偏见。

槟榔是唐宋贬谪诗中常见的主题。唐代和北宋将政治斗争失利者贬谪到南方是很常见的政治操作，明代以后岭南已经是比较发达富庶的地方，贬谪一般就不去这里了。槟榔是古代祛除南方瘴气的不二之选，因此从北方到南方的人大多会入乡随俗地吃一些槟榔，即使不从文化适应的角度出发，也会从保持身体健康的角度试吃一些。前文"槟榔无柯（东晋）"一节中提到过，槟榔树由于没有枝丫，故而有忠贞不贰的品格意味，因此贬谪诗中出现槟榔也有寓情于物的意思，是一种贬谪心态的反应，尤其是许

---

* 此处用"槟榔"字段检索"爱如生典海中国基本古籍库 → 文学类"，并对检索结果加以分类整理，检索时间为 2020 年 2 月 28 日至 2020 年 3 月 8 日。

多诗人在写贬谪诗时其实还是希望被人读到的，写槟榔有一种向朝廷表达心迹的作用，意思是我虽遭贬斥，但我的心仍是向着君王和朝廷而不变的。北宋诗中出现槟榔只在苏轼、黄庭坚、晁补之的作品中，其中苏轼的四首槟榔诗中有两首较有代表性，现将全文录于下：

苏轼《咏槟榔》：

> 异味谁栽向海滨，亭亭直干乱枝分。
> 开花树杪翻青箨，结子苞中皱锦纹。
> 可疗饥怀香自吐，能消瘴疠暖如薰。
> 堆盘何物堪为偶，蒌叶清新卷翠云。[28]

苏轼《食槟榔》：

> 月照无枝林，夜栋立万础。
> 眇眇云间扇，荫此八月暑。
> 上有垂房子，下绕绛刺御。
> 风欹紫凤卵，雨暗苍龙乳。
> 裂包一堕地，还以皮自煮。
> 北客初未谙，劝食俗难阻。
> 中虚畏泄气，始嚼或半吐。
> 吸津得微甘，著齿随亦苦。
> 面目太严冷，滋味绝媚妩。

诛彭勋可策，推毂勇宜贾。

瘴风作坚顽，导利时有补。

药储固可尔，果录诅用许。

先生失膏粱，便腹委败鼓。

日啖过一粒，肠胃为所侮。

蛰雷殷脐肾，藜藿腐亭午。

书灯看膏尽，钲漏历历数。

老眼怕少睡，竟使赤眦努。

渴思梅林咽，饥念黄独举。

奈何农经中，收此困羁旅。

牛舌不饷人，一斛肯多与。

乃知见本偏，但可酬恶语。[29]

上面两首诗都是苏轼在被流放到海南儋州时所作，是典型的贬谪诗，表现的都是海南嚼槟榔的风俗。

南宋至今的中国诗词中经常出现槟榔，南宋有 83 次，元代有 29 次，明代有 166 次，清代有 146 次，*当中不乏著名的诗人和诗篇。有些诗篇中以槟榔作为中药的代指，或者明显为符合平仄而凑用的，已经剔除。从朝代时间和频次来说，南宋及明清时槟榔在诗词中出现的频率是相近的，元代稍少一些。槟榔在诗词

---

* 此处用"槟榔"字段检索"爱如生典海中国基本古籍库 → 文学类"，并对检索结果加以分类整理，检索时间为 2020 年 2 月 28 日至 2020 年 3 月 8 日之间。

中出现的频次也与统治中心的位置有关，当首都在杭州或南京时（南宋、明前期），槟榔出现的频率比较高；当首都在开封或北京时（北宋、元、明中后期、清），槟榔出现的频率就比较低。这种情况也是很容易解释的，由于文人通常聚集在政治中心附近，或者更直接地说，文化附着在权力周围是比较常见的情况，当政治中心在南方时，自然在文化上也更趋向于表达南方常见的事物。

南宋写过槟榔诗的人物当中，比较有名且诗作艺术水平较高的有李纲、李光、郑刚中、杨万里、范成大、朱熹、刘克庄。其中李纲、李光和郑刚中的槟榔诗属于贬谪诗类别。

李纲有槟榔诗三首，皆为其被贬海南时所作，此处仅录其一《槟榔》：

> 疏林苍海上，结实已累累。
> 烟湿赪虬卵，风摇翠羽旗。
> 飞翔金鹭鹭，掩映䍡龙儿。
> 濩落咍椰子，匀圆讶荔支。
> 当茶锁瘴速，如酒醉人迟。
> 荖叶偏相称，蠃灰亦谩为。
> 乍餐颜愧渥，频嚼齿愁疲。
> 饮啄随风土，端忧化岛夷。[30]

李纲的槟榔诗反映的也是其短暂谪居海南的经历。李纲在建炎三年（公元 1129 年）十一月二十五日南渡琼州，二十九日被赦放还。

李光有槟榔诗七首，此处仅录其一《忆笋》之片段：

> 唯有槟榔心，羹臛或暗投。
> 乡味不可忘，坐想空涎流。[31]

李光被贬海南的时间很长，从绍兴十一年至绍兴二十五年（公元 1141—1155 年）都在海南昌化，因此关于槟榔的诗作比较多，这里说的是作者思念故乡的竹笋，在海南唯有以槟榔消食，聊慰乡愁。

上文所引李纲、李光的两首诗叙述的是海南嚼食槟榔的习俗。

郑刚中的槟榔诗题注很长，为"广南食槟榔，先嚼蚬灰蒌藤叶，津遇灰藤则浊，吐出一口，然后槟榔继进，所吐津到地如血，唇齿颊舌皆红，初见甚骇，而土人自若，无贵贱老幼男女行坐咀嚼，谓非此亦无以通殷勤焉，于风俗珍贵，凡姻亲之结好，宾客之款集，包苴之请托，非此亦无以通殷勤焉，余始至，或劝食之，槟榔未入口，而灰汁藤浆隘其咽，嗽濯逾时未能清，赋此长韵"。

> 海风飘摇树如幢，风吹树颠结槟榔。
> 贾人相衔浮巨舶，动以百斛输官场。

官场出之不留积，布散仅足资南方。

闻其入药破痃癖，铢两自可攻腹肠。

如何费耗比菽粟，大家富室争收藏。

邦人低颜为予说，浓岚毒雾将谁当。

蒌藤生叶大于钱，蚬壳火化灰如霜。

鸡心小切紫花碎，灰叶佐助消百殃。

宾朋相逢未唤酒，煎点亦笑茶瓯黄。

摩挲蒳子更兼取，此味我知君未尝。

吾邦合姓问名者，不许羔雁先登堂。

盘奁封题裹文绣，个数惟用多为光。

闻公嚼蜡尚称好，随我啖此当更良。

支颐细听邦人说，风俗今知果差别。

为饥一饭众肯置，食蓼忘辛定谁辍。

语言混杂常嗫嚅，怀袖携持类饕餮。

唇无贵贱如激丹，人不诅盟皆歃血。

初疑被窘遭折齿，又怪病阳狂嚼舌。

岂能鼎畔窃朱砂，恐或遇仙餐绛雪。

又疑李贺呕心出，咳唾皆红腥未歇。

自求口实象为颐，颐中有物名噬嗑。

噬遇腊肉尚为吝，饮食在颐尤欲节。

酸咸甘苦各有脏，偏受辛毒何其拙。

那知玉液贵如酥，况是华池要清洁。

我尝效尤进薄少，土灰在喉津已噎。

一身生死托造化，琐琐谁能污牙颊。[32]

郑刚中的这首诗应是被贬封州（今广东封开）时所作。诗中先说槟榔是重要的贸易品，也是当地官府征收的实物税科目之一，很受欢迎，官府所收仅足够在岭南使用。中间部分说槟榔有药用价值，当地风俗待客首先要用槟榔，婚嫁之事也以槟榔为重。后面描述吃槟榔吐出红色津液及唇齿染色，最后说自己无论如何吃不惯。这首诗第一次说到槟榔是官府征收的实物税项目之一，此后明清皆有文献证明岭南征收关于槟榔的税项，有时是实物，有时是折银。

杨万里《小泊英州二首·其一》：

> 人人藤叶嚼槟榔，户户茅檐覆土床。
> 只有春风不寒乞，隔溪吹度柚花香。

杨万里在诗题名中已说出了地点在英州（今广东英德）。杨诗清新自然，描绘当地的土风，内容通俗易解，此处不做诠释。

范成大诗题注为"巴蜀人好食生蒜，臭不可近。顷在岭南，其人好食槟榔，合蛎灰、扶留藤，一名蒌藤，食之辄昏然，已而醒快。三物合和，唾如脓血可厌，今来蜀道，又为食蒜者所薰，戏题"。

> 旅食谙殊俗，堆盘骇异闻。

南餐灰荐蛎，巴馔菜先荤。

幸脱荖藤醉，还遭胡蒜熏。

丝蓴*乡味好，归梦水连云。[33]

范成大诗将岭南嚼槟榔的习俗与巴蜀吃生蒜的习俗并列，是以戏谑和记录异事的角度来写的，最后说还是自己家乡的莼菜味道好，又表现出一丝怀乡之情。

郑刚中、杨万里、范成大的三首诗都记载了南方嚼槟榔的习俗。

朱熹《次秀野杂诗韵·槟榔》：

忆昔南游日，初尝面发红。

药囊知有用，茗碗讵能同。

蠲疾收殊效，修真录异功。

三彭如不避，糜烂七非中。[34]

朱熹的这首诗主要说槟榔的药性，也提到自己过去曾在南游时吃过槟榔。此诗是朱熹在崇安（今福建南平）时所作，这里的南游，很可能是指朱熹早年时曾出任泉州同安县（今厦门同安）主簿的经历，这首诗是关于福建嚼槟榔习俗的首次明确文字记载。诗中说在崇安，槟榔与饮茶的风俗并重，治疗疾病和修道都

---

* "蓴"同"莼"。——编者注

要用到槟榔。其实中国古代许多道人也兼做医士，准确来说，医家是在南朝时期才从道家分流出去的，道家的各种养生方与中医药方是很难划清界限的，最显著的例子莫过于葛洪的《肘后备急方》和陶弘景的《名医别录》，两人都是道家，也都是医家。

刘克庄写槟榔的诗共有四首，这里仅录其一《林卿见访食槟榔而醉明日示诗次韵一首》：

> 壮于蒴子大于榛，咀嚼全胜曲蘗春。
> 俚俗相传祛瘴厉，方书或谓健脾神。
> 素知鲸量安能醉，但取鸡心未必真。
> 一笑何妨玉山倒，贫家幸自有苔茵。[35]

刘克庄的四首槟榔诗都是与林卿唱和之作，根据内容来看，很可能是两人一起大嚼槟榔，相互写槟榔诗来助兴。刘克庄是福建莆田人，他也是本节提到的诗人中唯一能确定是喜欢吃槟榔的。在清代以前的文献中，关于福建泉州一带嚼食槟榔的记录是很多的，莆田离泉州不远，很可能也有嚼槟榔的民风。

朱熹与刘克庄的两首诗都记载了闽南地区嚼食槟榔的习俗。另外，南宋后期槟榔已经不再出现在贬谪诗中。

元明时期描述嚼槟榔习俗的诗句也有很多，不过描述的内容基本上都是宋代诗人已经提到过的，诸如嚼槟榔以蒌叶和石灰搭配，以槟榔代茶的习俗，槟榔的药用价值，以槟榔作为婚姻过往之礼，以槟榔作为和解的标志，以槟榔作为赋税，等等。不过我们仍可以从这些诗句描写的地理区域看出当时嚼槟榔习俗的分布情况。

写今广东广州的有宋代丘濬的《句·其三》："阶上腥臊堆蚬子，口中浓血吐槟榔。"[36] 元代吕诚的《南海口号六首·其三》："留客不将茶当酒，铜盘蒌叶进槟榔。"[37] 元代刘崧的《广州杂咏·四首·其一》："红豆桂花供酿酒，槟榔蒌叶当呼茶。"[38] 明代孙蕡的《广州歌》："扶留叶青蚬灰白，盘钉槟榔邀上客。"[39] 明代汪广洋的《岭南杂录·十首·其三》："昨日崖州有船到，满城争买白槟榔。"[40] 明代王鏊的《送贺志同少参之官广东》："槟榔蒌叶还随俗，包瓯菁茅好贡柑。"[41] 明代僧人释今无的《白衣庵新居·其二》："槟榔图一醉，便梦玉渊西。"写广东江门的有明代李之世的《和食槟榔》："天施辟瘴丹，厥效为君数。"写广东潮州的有明代林光的《潮州谒韩文公祠二首·其一》："扶留叶子裹槟榔，欲献君侯恐不尝。"笼统写广东的有明代王鸣雷的《槟榔行》："种莫种，县门前，官税槟榔如税田。"

写今海南儋州的有元代吕诚的《南海口号六首·其六》："轻舟似叶争飘海，载得槟榔换米归。"写海南琼州的有明代王佐的《食槟榔白》："灵芽呈雀舌，枸酱割龙胎。何当赍灵符，浩劫昆明灰。和香一入口，春风行百骸。"[42] 邢宥的《琼台杂兴七首·其四》："椰子户雄橙橘户，槟榔衙胜柳槐衙。"写海南临高的有清代僧人成鹫的《送李方水还临高学署·其三》："想到官衙梅雨候，槟榔红遍荔枝红。"写海南南部的有宋代何绛的《寄岑金纪时客琼南·其二》："花梨树底醉颜酡，嚼罢槟榔发浩歌。"何绛还有《珠崖杂咏·其三》："槟榔子熟输官税，椰酒邀人杀豕尝。"

写今福建福州的有元代吕诚的《寄乡友福州别驾二首·其二》："退食自公微醉后，小姬和叶进槟榔。"写福建莆田的有元代何中的《莆阳歌五绝·其二》："镂银合子槟榔片，戏喷猩红散唾花。"[43]写福建建宁的有元代吴克恭的《送沙子中经历建宁》："官塍绿林穿荔子，人家饷客食槟榔。"写福建漳州的有明代王祎的《临漳杂诗十首·其七》："人人牙齿紫，尽为嚼槟榔。"[44]写福建不明地点的有明代刘基的《初食槟榔》："槟榔红白文，包以青扶留。驿吏劝我食，可已瘴疠忧。"[45]以及明代王佐的《槟榔》："白泽通寰宇，红潮到八闽。"[46]还有送人入福建的明代吕时臣的《钱塘江送周水二君入闽》："蛮天无雪迷烟瘴，多嚼槟榔莫计程。"[47]明代李东阳还有《汝贤馈西瓜及槟榔叠前韵》："因君解取南闽俗，更说槟榔可代茶。"[48]

写今广西崇左的有元代陈孚的《思明州·其二》："手捧槟榔染蛤灰，峒中妇女趁墟来。"写广西南宁的有元代陈孚的《邕州》："驿吏煎茶茱萸浓，槟榔口吐猩血红。"[49]写广西桂林的有明代胡应麟的《送苏君禹观察之岭右八首·其五》："红潮醉颊槟榔熟，努力朝餐望里加。"写广西龙州县一带的有明代湛若水的《太平诗》："口与槟榔赤，头兼面目黔。"

写今越南北部的有元代吕诚的《竹枝歌六首寄胡定安·其二》："却喜土人能爱客，蒌蒂槟榔相送行。"

写今云南南部的有明代杨慎的《渔家傲·其十二·滇南月

节》："槟榔串，红潮醉颊樱桃绽。苔翠氍毹开夜宴。"[50]写云南
昆明的有明代夏缅的《昆明女儿歌四首·其一》："偷开银合挑
琼雪，递与槟榔半口多。"

写今江苏苏南地区的有元代倪瓒的《春草堂诗》："红蠡掩
碧春将酣，槟榔蒌叶嚼香甘。"[51]

写今江西赣州的有明代祝允明的《赣州》："蒌叶槟榔须学
啖，莼羹盐豉向谁求。"[52]

元明之际槟榔诗的创作主体已经发生了变化，宋代作槟榔诗
的以江南人居多，只有刘克庄一位是闽南人；到了元明，作槟榔
诗的诗人既有江南人，也有闽南人、岭南人（两广及海南岛），
比例大约各半。从这里也可以看出南宋以来岭南文化教育事业的
突飞猛进，连最偏远的海南岛也开始出现本土文人了，如前面录
有诗文的王佐、邢宥皆是海南人。广东、福建的本土文人更是多
不胜举。这些诗人写本乡本土的风俗，描述更加贴近乡土风俗，
风格清新自然。

到了清代，槟榔诗的创作地理区域又发生了一次重大的变
化，除了两广、海南、福建继续不断涌现槟榔诗以外，台湾也开
始出现大量的槟榔诗。两广、海南、福建创作槟榔诗的诗人大多
是本地人，如明末清初的广东番禺人屈大均在《广东新语》中
有槟榔诗歌 28 首，其中有一些是他搜集整理的岭南民歌。其中
有两首较为有趣："日食槟榔口不空，南人口让北人红。灰多叶
少如相等，管取胭脂个个同。""一槟一榔，无蒌亦香。扶留似
妾，宾门如郎。"[53]台湾槟榔诗自施琅平台之后开始陆续出现，

许多诗作是大陆官员赴任台湾后为了了解当地风俗民情而特地整理记录的，清代描述台湾嚼食槟榔风俗的诗作约有30篇，占了清代所有槟榔诗的五分之一强，比海南、福建还要多，仅次于广东。

台湾客家人丘逢甲有槟榔诗四首，其中两首很能体现台湾的槟榔风俗：

台湾竹枝词·其十八

生平未睹此中天，好向居人叩末颠。
遍地槟榔传几代，从头乞为话便便。

台湾竹枝词·其三十八

红罗检点嫁衣裳，艳说糖团馈婿乡。
十斛槟榔万蕉果，高歌黄竹女儿箱。[54]

丘逢甲明确说了槟榔是从闽粤一带随渡台移民迁徙而来的，到台湾后"发扬光大"，反而比闽南嚼槟榔风气更盛。同时，台湾沿袭闽粤的风俗，将槟榔作为嫁妆的首要礼物。学界一直对嚼槟榔风俗是起源于台湾[55]还是起源于大陆[56]这一问题有争议，笔者认为要分族群来看待，台湾少数民族嚼槟榔的习俗很可能由来已久，而渡台汉人移民嚼槟榔的习俗也不是学习本地人，而是从原乡带来的；因此台湾嚼槟榔的习俗应是汉从汉俗，土依土风，各有源头。

寓居台湾的清政府各级官吏也有许多描述本地嚼槟榔风俗的诗作。有描述以槟榔化解纠纷的，如卢德嘉的《凤山竹枝词·其四》："堪笑乡愚寡见闻，些些曲直竟难分。欲教省事凭何法，罚个槟榔便解纷。"张湄的《槟榔》："睚眦小忿久难忘，牙角频争雀鼠伤。一抹腮红还旧好，解纷惟有送槟榔。"[57]台湾物产丰饶，出产的热带水果品质比闽粤一带的更佳，有不少夸耀台湾槟榔的诗篇，如陈斗南的《槟榔》："台湾槟榔何最美，萧笼鸡心称无比。乍啮面红发轩汗，骏鹅风前如饮酏。"还有梁启超的《台湾竹枝词》："绿阴阴处打槟榔，蘸得蒌酱待劝郎。愿郎到口莫嫌涩，个中甘苦郎细尝。"[58]

　　主持纂辑《重修台湾府志》的范咸，也很重视台湾的槟榔，有《槟榔》诗："南海嗜宾门，初尝面觉温。苦饥如中酒，得饱胜朝餐。种必连椰子，功宁比稻孙。瘴乡能已疾，留得口脂痕。"[59]这里提到台湾种植槟榔必间以椰子，这样结出的果子才是上品。台湾嚼槟榔也分雌雄，如孙霖在《赤嵌竹枝词·其三》中写道："雌雄别味嚼槟榔，古贲灰和蒌叶香。番女朱唇生酒晕，争看猱采耀蛮方。"[60]屈大均在《广东新语》中有解释："最小者曰蒳子，又名公槟榔。圆大者名母槟榔。"[61]也有记录台湾少数民族嚼槟榔的，如黄学明的《台湾吟·其三》："山花满插鬓头光，蛮妇蛮童一样妆。久嚼槟榔牙齿黑，新成曲蘖口脂香。"[62]蔡碧吟《台阳竹枝词·其三》："无嫌黑齿聊随俗，吹到门前蒌叶香。两颊桃花红欲晕，儿家风韵在槟榔。"陈学圣的《槟榔》："鲜叶流丹似饮醇，盘堆手捧藉相亲。却嗤年少瓠犀女，化尽蛮方乌齿人。"槟榔与烟草的搭配也见于台湾，刘家谋有《海音诗》："烟草槟榔遍几家，金钱不惜掷泥沙。夕阳门巷香风送，拣得一篮鹰爪花。"

第四节　粤闽土风

从前文列举的从宋到清的历代诗词中，我们可以归结出自唐代以来，嚼槟榔在今云南、广西、海南、广东、福建、台湾都是很普遍的风俗。其中云南与广西的嚼槟榔习俗似乎只限于边地的少数民族中，可能是出自中南半岛的影响，根据清初的记载，广西鬱林*也产槟榔，"槟榔出广西鬱林州……其实尖者为贵，与石灰同食令人齿黑，故有雕题黑齿之俗，实能辟瘴气，故土人日日早食"[63]。这里虽然只说到了"土人"的情况，但想必与土人接触比较多的汉人，为了避瘴气也会嚼食槟榔。云南嚼食槟榔的习俗一直较为局限于最南端的西双版纳一带，其他地方吃得很少，鉴于关于云南和广西嚼食槟榔习俗的资料较少，在此不做进一步讨论。

海南、广东、福建、台湾这四省的汉人都普遍有嚼食槟榔的习惯，台湾汉人嚼食槟榔的习俗显然是闽粤移民带去的，而闽南一带嚼食槟榔的文献记载出现时间要比广东粤海地区（珠江入海

---

* 今写作"玉林"，然此处系写史，宜用当时之地名，况"玉"与"鬱"不能通。

口附近地带）晚得多，东汉杨孚就已经记载广州府城附近的嚼食槟榔习俗，而福建嚼食槟榔的明确文字记载首见于朱熹的《次秀野杂诗韵·槟榔》，两者时间相距约1 000年。据此，笔者认为福建的嚼食槟榔习俗应该是从广东传来的。泉州在唐代开始成为重要的贸易商埠，广州港与泉州港之间的海上贸易非常频繁，槟榔很可能借此贸易线路传入泉州，再从泉州传播到闽南各地。到了南宋末期，闽南地区嚼食槟榔已是普遍的风俗，与槟榔相关的礼俗，尤其是婚俗，与岭南地区几乎完全一致。

南宋淳熙年间（公元1174—1189年）桂林通判周去非的《岭外代答》中有：

> 自福建下四州与广东、西路，皆食槟榔者。客至不设茶，惟以槟榔为礼。其法，斫而瓜分之，水调蚬灰一铢许于蒌叶上，裹槟榔咀嚼，先吐赤水一口，而后啖其余汁。少焉，面脸潮红，故诗人有"醉槟榔"之句。无蚬灰处，只用石灰；无蒌叶处，只用蒌藤。广州又加丁香、桂花、三赖子诸香药，谓之香药槟榔，唯广州为甚。不以贫富长幼男女，自朝至暮，宁不食饭，唯嗜槟榔。富者以银为盘置之，贫者以锡为之。昼则就盘更啖，夜则置盘枕旁，觉即啖之。中下细民，一日费槟榔钱百余。[64]
>
> ……………
>
> 槟榔生海南黎峒……小而尖者为鸡心槟榔，大而匾者为大腹子……海商贩之，琼管收其征，岁计居什之五。广州税

务收槟榔税，岁数万缗[*]。推是，则诸处所收，与人之所取，不可胜计矣。⁶⁵

这里所说食槟榔的"下四州"是指闽南的四个州郡，分别是福、泉、漳、化（兴化军），大致对应今之福州、泉州、漳州、莆田。在宋代行政区划中，闽北四州为建州、汀州、南剑、邵武，与闽南四州合称为"八闽"。文中首先叙述了槟榔的吃法，即全球最为普遍的以蒌叶包裹槟榔、石灰并食。然后说一般民众吃槟榔，日费百余文钱，就以一百文论，千文为一贯，一个月吃槟榔就要花掉三贯左右。宋元丰年间从八品知县月俸十五贯，另有禄米布帛，以这个俸禄来说，吃槟榔要花掉一个知县五分之一的货币收入，实在是很大的开销。黄仁宇在《中国大历史》中以黄金价格为基准换算了中国古代货币的价值，如果按照他的换算方式，即一两金＝十两银＝十贯制钱（明代在一至三贯之间换银一两，视制钱品质与银的成色而有别，宋代制钱价值较高，一贯大略可以换到一两银），那么宋代的一贯差不多等于今天的 1 000 元人民币，每天吃槟榔要花掉人民币 100 元，[†]每月花 3 000 元左右；假如一个人每日吃槟榔 10 颗，那么每颗槟榔的价值在 10 元左右，比现在普通的湘潭槟榔卖得还贵。从这里也可

---

[*] 缗同贯，一缗钱即为一贯钱。

[†] 如以银价换算，则一贯约当如今 160 元人民币。另外亦可以米价换算，南宋正常年景一石米约当两贯，一石约为 59.2 千克，以 5 元一千克计，则每贯约当如今 148 元人民币。

以看出宋代一般民众的生活水平很高，至少有闲钱去消费高价的槟榔。另外，从这个价值上也可以看出槟榔作为嫁妆和和解礼物的分量，那不是随随便便的一口零食，而是具有极高价值的贵重礼品。

最后周去非说到槟榔只在海南出产，这一点与唐代刘恂在《岭表录异》中说两广"府郭内亦无槟榔树"的记载相符，可见自唐宋以来南方各处所需槟榔只有海南一处产地，后来清康熙二十二年（公元1683年）收复台湾，台湾种植槟榔日渐增多，慢慢也成为重要的槟榔产地。而槟榔分为鸡心和大腹子两种，至今仍作此区别。由于槟榔的产地单一，各处贸易港口也易于被朝廷控制，因此槟榔税收也成为当地政府的重要收入来源；又因槟榔的税收不入南宋中央财政，而由各地财政支配，故而各地官府可以层层加收槟榔税，就是文中的"则诸处所收，与人之所取，不可胜计矣"。周去非说槟榔税收占到海南岛税收的一半，到了广州上岸还要再收一次，每年能收到数万贯之多。这种情况在清代的《粤海关志》中仍有记载，《粤海关志》中说"琼来税过槟榔"[66]，也就是说海南征收的是生产槟榔的"榔椰税"，粤海关收的是槟榔的关税。中国古代的关税是指各口岸和关隘征收的商品过境税，与现代的对境外商品征收的关税意义不同，关税可以对所有过关商品征收，交过税的商品发给"红单"，证明已经完税。

海南的槟榔不但供应广东、广西，也供应福建，福建各口岸对上岸的槟榔也要征收关税。南宋曾提举泉州市舶司的赵汝适作有《诸蕃志》，记录了泉州进口槟榔的情况："鲜槟榔、盐槟榔皆出海南，鸡心、大腹子多出麻逸（今菲律宾民都洛岛或兼指吕宋岛的一部分）……（海南）惟槟榔、吉贝*独盛。泉商兴贩，大率仰此。"[67] 这里提到泉州的槟榔是从海南和麻逸进口而来，虽然没有明确说槟榔税有多少，但想必不会是免税商品。

宋代何绛有诗句"槟榔子熟输官税"，明代王鸣雷也有诗句"官税槟榔如税田"，种种不一而足。屈大均在《广东新语》中也提到海南种植槟榔以及收槟榔税的情况："槟榔产琼州，以会同为上，乐会次之，儋、崖、万、文昌、澄迈、定安、临高、陵水又次之。若琼山，则未熟而先采矣。会同田腴瘠相半，多种槟榔以资输纳。诸州县亦皆以槟榔为业。"[68] 清代海南也收"榔榔税"，道光年间的《琼州府志》记载榔榔税占全岛税收的 37%，是海南各项税收中最主要的收入来源。[69] 根据《海南岛志》可知，清代槟榔税收不纳入田赋，仍旧是地方政府可以提留的杂税项，† 其中万州（今海南万宁）、会同（今海南琼海东北）、定安、文昌的方志表明这些地方是贡献槟榔税额最多的。时至 2017 年，槟榔产业的产值仍在海南农业产值中位列第一，其产地也仍集中于万宁附近，与清代的分布情况没有什么差别，总产值达到 260 亿元人民币，远高于橡胶的 90 亿元

---

* 马来语，指棉花。

† 明清两代的中央财政主要监控各地的地、丁银两税，其余杂税一般无须缴纳中央。

和椰子的 100 亿元。[70]

海南是槟榔的主要产地，海南在 1988 年从广东分离建省之前在行政上属于广东省，因此在历史文献中经常与广东的情况一并记载。故而本节说"粤闽"，粤则含琼，闽则含台——盖因台湾汉人嚼食槟榔风俗大略源自闽南（台湾亦有部分客家移民，数量上不及从闽南移民而来的人多）。

南宋罗大经在《鹤林玉露》中详细描述了岭南的槟榔：

> 岭南人以槟榔代茶，且谓可以御瘴。余始至不能食，久之，亦能稍稍。居岁余，则不可一日无此君矣。故尝谓槟榔之功有四：一曰醒能使之醉。盖每食之，则醺然颊赤，若饮酒然。东坡所谓"红潮登颊醉槟榔"者是也。二曰醉能使之醒。盖酒后嚼之，则宽气下痰，余醒顿解。三曰饥能使之饱。盖饥而食之，则充然气盛，若有饱意。四曰饱能使之饥。盖食后食之，则饮食消化，不至停积。尝举似于西堂先生范旗叟。曰："子可谓'槟榔举主'矣。然子知其功，未知其德，槟榔赋性疏通而不泄气。禀味严正而有余甘。有是德，故有是功也。"[71]

罗大经极为推崇槟榔，他本是江西吉安人，于南宋宝庆二年（公元 1226 年）中进士，一直在岭南仕官，直至淳祐十一年（公元 1251 年）离开岭南任抚州推官。在岭南居住的时间有 20 余年。他说刚到岭南的时候很不适应嚼槟榔，但是一年多以后就成了重度槟榔成瘾者，一天不吃都不行。他推崇槟榔有四种功效，分别是醒能使醉、醉能使醒、饥能使饱、饱能使饥。进而说到槟榔有"德"，即所谓"赋性疏通而不泄气。禀味严正而有余甘"。这里明显地将槟榔的药效上升到"德"的境界，已经是在讨论槟榔作为一种"文化物"的属性了。

槟榔作为粤闽居民日常嚼食之物，在当地风俗中也被赋予了诸多文化意义，明末清初的屈大均在《广东新语》中已经加以总结：

（一）待客首礼——"粤人最重槟榔，以为礼果，款客必先擎进"。

（二）嫁娶必备——"聘妇者施金染绛以充筐实，女子既受槟榔，则终身弗贰。而琼俗嫁娶，尤以槟榔之多寡为辞"。

（三）排解纷争——"有斗者，甲献槟榔则乙怒立解，至持以享鬼神，陈于二伏波将军之前以为敬"。

（四）祛除瘴疠——"入口则甘浆洋溢，香气熏蒸，在寒而暖，方醉而醒。既红潮以晕颊，亦珠汗而微滋，真可以洗炎天之烟瘴，除远道之渴饥，虽有朱樱、紫梨，皆无以尚之矣"[72]。

第一项和第二项文化意义，是所有嚼槟榔的地方——从印度到波利尼西亚——所共有的，前文已经说过，马可·波罗和伊本·白图泰的记录都能够证明这一点，越南、缅甸、泰国、菲律宾等地的嚼食槟榔习俗中也都有相同的文化意义。这两种意义很可能在槟榔于史前时代的流行中就已经具备了，后来也都为接受槟榔的文明所承袭。广东婚俗中特别重视槟榔，并且增加了解释意义，清末广东番禺人赵古农*撰《槟榔谱》，其中有记载："粤俗凡聘妇者，必用槟榔，施金染蜂以充筐实，然亦必用扶留佐之。扶留者，即蒌叶也，其藤缘墙而生，槟榔树若笋竿及颠吐裖，二物为根不同所生，亦异而能相成互相为用，比夫妇有相须之象。"[73]这里用蒌叶和槟榔的搭配比喻夫妻之间的搭配。前文曾提到过广东东莞婚俗中有槟榔歌，以"槟榔无柯"来比喻新嫁娘将对夫家忠诚无二、从一而终，这种文化意义经过岭南人的阐发和重新诠释，已经完全嵌入本地民俗中。

　　第三项文化意义可能是中国所独有的，但不难看出是从第一项文化意义中衍生出来的。第四项文化意义在中国和印度皆有，不过印度国土大部分处于比较炎热的亚热带和热带地区，因此其文化对热带疾病的应激并不是很强烈，印度阿育吠陀医学比较强调槟榔清洁口腔、保持口气清新的功效。印度对于槟榔在健康和卫生领域上的认知，后来极大地影响了佛教对槟榔的接纳。中国是一个大部分国土和早期文明核心地带位于温带的国家，因此对热带疾病有强烈的畏惧心态，中国人在长期的向南扩张的过程中，不但接触到了槟榔，还了解到了槟榔对热带传染病确有疗效的事实，因此着重于强调槟榔的药用价值。

　　岭南汉人身在岭南，却以北人南迁后裔自居的心态，也强化了嚼食槟榔的习俗。笔者身在广东，常年感受到这种岭南汉人

---

*　赵古农，广东番禺人，生卒年不详，大约生活于清乾隆、嘉庆、道光三朝，身份是生员，俗称秀才。曾在阮元总督两广期间参与编修《广东通志》，一生撰述颇多。

"崇尚中原"的心态，例如笔者自家祠堂即挂有"谯国堂"大匾额，言祖宗自沛国谯郡南迁至此。岭南人特别强调饮食中的"上火"问题，也是出自这种自认祖宗来自中原，身体与本地气候不合的文化想象。假若岭南人自认是本地土生后裔，那么从逻辑上来说，其日常饮食当不至于有什么"上火"之虞，正是由于其自认为身体是"来自中原"的，才会有地气不合的解释。祛除岭南瘴疠的不二法门就是嚼食槟榔，虽然这种习俗是地地道道的"南俗"，但加上了中医文化对于槟榔除瘴疠的解释，就方便了岭南汉人——或者说汉化了的南越人——继续大嚼槟榔，而不至于担心被汉人鄙夷了。

岭南人不但嚼食槟榔，还发明了许多"花式"嚼槟榔法，虽然槟榔、蒌叶、石灰三物合吃还是绝对的主流，但新的花样对于我们理解后世湘潭槟榔的流行有着重要的启发意义，因此很值得关注。宋代黄震所撰《黄氏日抄》中有记载："广州加丁香、桂花、三赖子（肉桂），为香药槟榔。"[74]这种吃法不禁让人联想起早期湘潭槟榔中有一种加桂子油（肉桂精油）的，似乎与此有所关联。

屈大均在《广东新语》中详细叙述了广东各地吃槟榔的不同方法：

> 实未熟者曰槟榔青，青，皮壳也，以槟榔肉兼食之，味厚而芳，琼人最嗜之。熟者曰槟榔肉，亦曰玉子，则廉、钦、新会及西粤、交趾人嗜之。熟而干焦连壳者，曰枣子槟

榔，则高、雷、阳江、阳春人嗜之。以盐渍者曰槟榔咸，则广州、肇庆人嗜之。日暴既干，心小如香附者曰干槟榔，则惠、潮、东莞、顺德人嗜之。当食时，咸者直削成瓣，干者横剪为钱，包以扶留，结为方胜。或如芙蕖之并跗，或效蛱蝶之交翩。内置乌爹泥、石灰或古贲粉……[75]

这里说了槟榔的四种吃法：首先是新鲜的青槟榔，连中间的心一起嚼，是海南人的吃法；去壳只吃心，叫玉子，是廉州、钦州、新会、粤西、越南人的吃法；熟到发黑的槟榔连壳同嚼，叫枣子槟榔，是高州、雷州、阳江、阳春人的吃法；用盐渍过叫槟榔咸，即咸槟榔，是广州、肇庆人的吃法；晒干后槟榔心附着在壳上的，叫干槟榔，是惠州、潮州、东莞、顺德人的吃法。吃的时候，咸槟榔顺纹路直切成瓣，干槟榔横剪成铜钱状，用蒌叶包好，可以包成莲花状或者蝴蝶状，里面放乌爹泥（儿茶膏）或石灰、蚌灰。

尤其应注意后两种槟榔的吃法，即咸槟榔和干槟榔。前两种吃法分布于海南和粤西，这两个地方比较容易获得新鲜槟榔。咸槟榔分布于粤中，干槟榔分布于粤东，与海南之间都有一段颇远的地理距离，因此必须对槟榔加以处理方能长途运输。虽然存世文献中没有说到闽南地区的人们所嚼的槟榔是什么形态的，但估计也是经过盐渍或者干燥处理的槟榔，否则难以从海南运输到泉州去。咸槟榔和干槟榔的吃法明显已经开始从原始的吃法变形，不过仍保留了蒌叶和石灰同嚼的传统。当今湘潭槟榔的干燥、切瓣等特征，在明末清初之际就已经出现雏形。前文详细讨论过南朝时代南方士族喜欢嚼槟榔，输送到建康、江陵等地的槟榔不可能是新鲜的，必然要经过某种处理，可惜并无相关文献记载当时处理槟榔的方法，笔者推测南方士族所嚼食的很可能就是咸槟榔或者干槟榔。

比屈大均生活年代稍晚的广东番禺同乡赵古农，著有史上第一本关于槟榔的专门著作，名曰《槟榔谱》，其中亦说到了咸槟榔和干槟榔的不同吃法。

> 以盐渍之，为槟榔咸。曝之至干而心如香附者，为干槟榔。食时咸者宜削成瓣，干者横剪作钱，用相酬献。[76]

这里说咸槟榔竖剖为瓣，大致与今天湘潭槟榔的吃法类似，湘潭槟榔的许多吃法与清代广东咸槟榔的吃法相近，因此极有可能是从咸槟榔改进而来。而干槟榔是横剪为铜钱状食用的，与如今中药房的切法类似。

清末广东嚼食槟榔的历史记录还见于西方画作，1793年英国马戛尔尼使团来到中国，使团中有一位名为威廉·亚历山大的画家，沿途画下了许多当时的英国人觉得新奇有趣的画面，其中就包括了一幅贩卖槟榔的中国人的画像（见彩图7）。这幅画像现藏于美国国家美术馆，画上用英文写着"桌上的小盒子是盛有石灰粉末的"，但没有写下作画的时间和地点。根据当年马戛尔尼使团出访中国的路线——他们曾在中国的澳门、定海、天津三个港口停泊，继而在天津登陆前往北京，最后转往热河行宫觐见乾隆皇帝——笔者推测这幅图画的绘制时间和地点应该是1793年的澳门，图中的槟榔呈绿色，是新鲜槟榔无疑，图中出现了切成块状的槟榔和叠放的片状蒌叶，图中人持小刀制备槟榔，槟榔、蒌叶和石灰的摆放方式几乎与现在台湾和海南槟榔摊贩的做法一般无二。

屈大均还描述过广东人用来盛槟榔的盒子和包：

> 广人喜食槟榔。富者以金银，贫者以锡为小合，雕嵌人物花卉，务极精丽。中分二隔，上贮灰脐、蒌须、槟榔，下贮蒌叶。食时先取槟榔，次蒌须，次蒌叶，次灰，凡四物各有其序。蒌须或用或不用，然必以灰为主，有灰而槟榔、蒌叶乃回甘。灰之于槟榔、蒌叶，犹甘草之于百药也。灰有石灰、蚬灰，以乌爹泥制之作汁益红。灰脐状如脐，有盖，以小为贵。在合与在包，为二物之司命。包以龙须草织成，大小相函，广三寸许，四物悉贮其中，随身不离，是曰槟榔包。以富川所织者为贵，金渡村织者次之，其草有精粗故也。合用于居，包用于行。[77]

这段描述通俗易懂，无须解释，这里说到槟榔盒"务极精丽"，很能体现当时广东人嚼槟榔的风气之普遍、之浮夸。

由于槟榔在闽粤人的生活中相当常见，而伴随清代始终的天地会又以福建、广东为核心地带，因此天地会的仪式中也经常出现槟榔，比如在天地会结盟仪式中，供桌上须摆放果子、三牲、酒、槟榔、茶、烟、七星灯。有研究者认为槟榔是底层民众期待"治愈"晚清失序社会的象征符号，[78] 笔者认为这样的解读有些过度，天地会会众大多是社会底层人士，结社主要是为了互助自保，谈到"治愈社会"，是把天地会想得太高尚、太复杂了。槟榔素来在闽粤文化里有排解纷争、敦睦友邻的文化作用，槟榔出现在天地会仪式中，大概有"尚义气"的隐喻，但也仅及于此。

1875 年，长期在广州生活和传教的英国牧师约翰·亨利·格雷（John Henry Gray）在香港出版了一本名为《漫步广州城内》（*Walks in the City of Canton*）的书，其中介绍了广州贩卖槟榔的行市和当地人嚼食槟榔的习惯。书中说在杉木栏街附近的北帝庙和显镇坊之间有一条小巷专门售卖槟榔和椰子，因此叫"槟榔街"，根据 1860 年绘制的广州地图，笔者大致推测出这条街的位置，如图 3-1 所示。

格雷在书中介绍说："槟榔是中国传统家庭在新年里招待朋友和客人的食品，在这种时候，槟榔常常会被切成小片，状似铜钱，称为发饼……在婚庆场合，槟榔还是招待宾客的水果。大型宴会结束时，每位宾客都会收到一块槟榔。一个村子的长者受邀或被召集到祠堂议事的时候，每个人都会先收到一小片槟榔，作为幸运礼。结束的时候会再收到一片……许多中国人和其他亚洲人一样，都喜欢嚼槟榔。槟榔要先蘸上蛎灰，再加点名为升朱 * 的粉末，以增添

---

* 很可能是儿茶粉。

图 3-1 笔者根据格雷牧师的描述，在 1860 年的广州地图（Map of the City and Entire Suburbs of Canton in 1860 by Rev. Daniel Vrooman，London Missionary Society Collection MAPLMS 636）上画出的槟榔街位置，此位置在今广州文化公园西北角

一种粉红色。为了让槟榔更可口，还会裹上一种名为‘青蒌’的叶子，这种叶子是专门从海丰贩来广州供嚼槟榔的人用的。”[79]

与格雷牧师的记载对应的是格雷夫人的《广州来信》（*Fourteen Months in Canton*），此书于 1880 年在英国出版，其中也说到在一场正式的中式宴席中，槟榔会在宴席接近尾声的时候奉上，有两种形式，一种是以蒌叶卷好的槟榔，还有一种是切碎的槟榔芯。槟榔在宴席中出现在米饭和粥之后，在最后的汤 *

---

* 在 19 世纪末的许多记载中，广州的宴席往往是最后上汤，与现在其他地区的中式宴席一样。如今在广州的宴席中，汤是最先上的，与西式宴席一致，这种变化可能是在 19 世纪末、20 世纪初受到了西式餐饮的影响。

之前。[80]

格雷夫妇的记载表明广州在第二次鸦片战争之后的数十年间仍普遍有嚼食槟榔的习俗，不过似乎仅限于餐后、婚庆、招待宾朋、议事等特定场合，笔者由此推测这种习俗的出现频率可能已经不如清初屈大均记录的那段时期了，因为格雷夫妇的记载中没有出现贩卖槟榔的摊贩，也没有关于人们有随时嚼槟榔或者吐槟榔渣的情况的记录。总的来说，格雷夫妇对广州市井习俗的记录相当详细而全面，所以如果有上述情况，应该不会被略过。

第五节　满洲异数

前文已经总结过，广东（含海南岛）是中国历史中槟榔记载的起点，嚼槟榔之风在广东盛行 2 000 年不易，从东汉一直到清末，关于广东人嚼槟榔的记载史不绝书。自宋代起，以泉州为中心点，闽南地区的人们也开始普遍嚼食槟榔，乃至传到海峡对岸的台湾岛；台湾是继海南之后的另一个中国槟榔生产基地，在清中期以后的嚼食槟榔风气更甚于闽南。除了粤琼闽台四地以外，云南和广西也有部分地区有嚼食槟榔的习惯。

除了上述粤、琼、闽、台、滇、桂六处，其余省份嚼食槟榔都是比较罕见的，从唐代到明代的历史文献中，长江以北的省份几乎完全没有关于嚼食槟榔风俗的记载，槟榔只作为药品和佛教的供养而存在。不过到了清代，岭南以北的城市中却不断地出现嚼食槟榔的记录，如北京、西安、江宁（今江苏南京）等处，而且记载嚼槟榔习惯的多是满人，或是与满人关系密切者，可见清代的满洲贵族确有嚼食槟榔的习惯。

明代皇室的相关记载是保存比较完整的，若皇室中有嚼食槟榔的习惯，那么必在史料中留有痕迹；既然完全没有朱家天子嚼食槟榔以及相关器物如槟榔盒子、槟榔荷包等的记载，则几乎可以肯定朱明皇室没有嚼食槟榔的行为。这不禁让人诧异，既然北方广大民众没有嚼食槟榔的习惯，而清代以前的北方贵族和皇室也不见有嚼食槟榔的记载，那么，远自天寒地冻的关外起家的满洲人，为什么会养成嚼食槟榔这种岭南地区的饮食习惯？

在清代关于槟榔的史料中，有两处极为亮眼的记载：

《宫中全宗朱批奏折》记载，嘉庆九年（公元 1804 年）七月二十六日，粤海关监督延丰上任奏折。嘉庆帝在此奏折上朱批：

> 朕常服食槟榔，汝可随时具进。再，二阿哥（后道光帝）处不可多送礼物，些微数件尚可。[81]

嘉庆十年（公元 1805 年）十一月十七日，粤海关监督阿克当阿上任奏折。嘉庆帝在此奏折上朱批：

> 实心任事，勿耽声色，非但误公，于身子也无益……要紧贡物，遵循旧例，不必增添，一切勉之。惟槟榔一项，朕时常服用，每次随贡呈进，毋误。[82]

嘉庆皇帝是清代诸帝中唯一吃槟榔成癖的，而且宫中用量想必很大，故此在粤海关监督上任时特别嘱咐要进贡槟榔。其实根据《粤海关志》的记载可知，在清代，槟榔一直都是粤海关对宫中必备的常例贡物，即使皇帝不额外嘱咐，粤海关监督也会进贡槟榔，只是常例数量也许达不到嘉庆皇帝的要求。

　　清代皇帝可能多数有嚼食槟榔的习惯，根据故宫博物院和台北故宫博物院的宫中活计档案，清代皇帝是常例配备槟榔荷包的，*而且常常以槟榔荷包赏赐近侍臣工。不过也并不是所有的皇帝都喜欢嚼槟榔，康熙皇帝就曾说过："朕每日进膳二次，此外不食别物，烟酒及槟榔等物皆属无用。"[83] 由此可见槟榔总是给皇上备着的，只是有人爱吃，有人不爱吃。清末旗人唐晏†的《天咫偶闻》中关于乾隆皇帝以后的清代诸帝赏赐槟榔盒、槟榔荷包等物的记载颇多。想必爱新觉罗家族中有不少人有嚼槟榔的习惯，只是不如嘉庆皇帝那么上瘾而已。

　　不只是皇帝会带着槟榔荷包，清代贵族普遍都有随身携带槟榔荷包的习惯，如梁绍壬在《两般秋雨盦随笔》中记载："干者（干槟榔），本地人（岭南人）不常食，多行于外省。京

---

* 诸如此类的例子颇多，如"红色缎钉绫福寿纹活计"，此件为清代光绪皇帝大婚时准备的成套活计，一般用作服装佩饰，其中包括扇套一件、荷包一对、烟袋套一枚、槟榔袋一枚、粉盒套一枚、靴掖一枚、镜套一枚、表套一枚。参阅故宫博物院，［2020-03-06］，https://www.dpm.org.cn/collection/embroider/233713.html。

† 唐晏（1857—1920），本姓瓜尔佳，是满洲官宦世家，先祖自多尔衮入京起便在北京居住。

师人亦嗜此品，杂砂仁、豆蔻贮荷包中，竟日细嚼，唇摇齿转。"[84] 明确说了槟榔荷包就是用来装槟榔的，另外杂以砂仁、豆蔻。另《红楼梦》第六十四回，"幽淑女悲题五美吟，浪荡子情遗九龙珮"中有记载："贾琏又不敢造次动手动脚，因见二姐手中拿着一条拴着荷包的绢子摆弄，便搭讪着往腰里摸了摸，说道：'槟榔荷包也忘记了带了来，妹妹有槟榔，赏我一口吃。'"[85] 可见满洲贵族随身携带槟榔荷包、嚼槟榔是很普遍的习惯，且以北京嚼槟榔的风气最盛。类似的记载还出现在清代小说《二十年目睹之怪现状》和《彭公案》中，在此不一一枚举。

出身旗人贵族家庭的著名美食家（自号"馋人"）唐鲁孙[*]，曾记录过其家中长辈吃精致的制槟榔，他是这样记载的：

> 记得先祖母餐厅里有个半圆形琴桌，上面摆满了各种奇形怪状的大小葫芦，中间有一个小朱漆盘，里面放有珐琅螺盒、冰纹瓷瓯、竹根簋簋、小樽小罐，全部细巧好玩。
>
> 每天中晚饭后，惯例总是由我把这朱漆盘捧到祖母面前，由她老人家拣取一两种嚼用。其中槟榔种类很多：有"糊槟榔"焦而且脆，一咬就碎；"盐水槟榔"上面有一层盐霜，涩里带咸；"枣儿槟榔"棕润殷红，因为用冰糖蒸过，

---

[*] 唐鲁孙（1908—1985），本姓他塔拉，名葆森，字鲁孙，1908 年生于北京，1946 年到台湾。唐老出身贵胄，幼与清宫遗老过从甚密，后又游历甚广，熟谙各地饮食风俗，晚年著有《中国吃》。

其甘如饴，所以必须放在小瓷罐里；"槟榔面儿"是把槟榔研成极细粉末，也要放在带盖儿的瓷樽里，以免受潮之后，结成粉块儿就没法子吃了。

北平卖槟榔的店铺叫"烟儿铺"，除了卖槟榔之外，还卖潮烟、旱烟、锭子、关东叶子、兰花仔儿、高杂拌儿、水旱烟类。北平最有名的烟儿铺是南裕丰、北裕丰。南裕丰开在前门大栅栏，把着门框儿胡同南口，掌柜的鲁名源，他还是兼着南北两柜总采卖，每隔一两年他总要往广东，海南岛，甚至台湾跑一趟。他说："槟榔功能提神、止渴、消食、化水、明目、止痢、止泻、防脚气、消水肿，尤其驱虫效力无殊西医除虫圣药'山道年'。不过岭南有人喜欢把鲜槟榔、牡蛎灰、蒌花、甘草、石灰、柑仔蜜，合在一起咀嚼，论味则甘辛苦涩香兼而有之。可是石灰入口，口腔容易灼伤，引起食道肝胃各病，尤其鲜红槟榔汁，染成血盆大口，既不卫生，又碍观瞻。所以烟儿铺只卖干槟榔，偶或从南方带点鲜槟榔仔回来，也只是给大家瞧瞧，鲜槟榔在直鲁豫几省是绝对不准贩卖的。"

烟儿铺柜台上都放有一把半月形小铡刀，顾客来买槟榔要对开、四开、六开，他们都代客切碎，至于糊槟榔、盐水槟榔制好之后，就早切好，用戥子秤好，一包一包地出售啦。槟榔面儿则要现买现磨，分粗中细三种，免得磨久了搁着一受潮，就不松散了。枣儿槟榔价钱比一般槟榔要贵一倍，听说只有雷州半岛出产。本身柔韧带甜，用蜂蜜蒸过，更是越嚼越香，当年王渔洋[*]给程给事诗，有"端坐轿中吃槟榔"句，据说王对枣儿槟榔有特嗜，整天枣儿槟榔不离口，足证早年士大夫阶级也是爱嚼槟榔的。[86]

北京以外的大城市也有嚼槟榔的风气，1900年慈禧太后和光绪皇帝为避八国联军而逃离北京，西狩西安，唐晏在《庚子西行纪事》中记录西安市井生活，如"食肆中，唤菜必高呼，食毕必有漱水及槟榔碟，皆与北京同"[87]。可见西安食肆中也有在饭后奉上槟榔的习俗。另外，江宁也有嚼槟榔的习惯，如吴敬梓《儒林外史》第四十二回，"公子妓院说科场，家人苗疆报信息"中写到"汤六爷"在妓院的行径："吃过了茶，拿出一袋子槟榔来，放在嘴里乱嚼。嚼的滓滓渣渣，淌出来，满胡子，满嘴唇，左边一擦，右边一偎，都偎擦（在）两个姑娘的脸巴子上。"[88]

北京、西安、江宁在清代都是有八旗驻防区的城市，一般俗称"满城"。北京的整个内城都是满城，不许汉人平民居住。其他城市的满城，在关内的大城市一般在城市核心位置划出很大的一片区域，专供满人及在旗的人居住，出入检查关防，不许开设妓院、酒楼和戏院等娱乐场所。广州和福州也有"满城"，但驻防的旗兵大都是汉军旗，叫满城就不太贴切了，叫旗人城比较合适。另说以上几处槟榔记载的相关人物，吴敬梓出身汉族科举世

---

[*] 一般是指王士禛（1634—1711），字子真，号阮亭，别号渔洋山人，山东济南新城（今山东淄博市桓台县）人，清初著名诗人、文坛领袖。

家，唐晏出身满洲贵族世家，而曹雪芹则出身清朝内务府正白旗包衣世家，是康熙皇帝近卫侍从之后，比一般满人还要亲贵。

与满人普遍嚼槟榔的习惯形成鲜明对比的是，北方的汉人几乎没有嚼槟榔习俗（汉人中与满人亲近的权贵也有嚼槟榔的，比如前文提到的王士禛，但不多），笔者在清代文献中很少看到关于北方汉人嚼食槟榔的记载，也许是"君乃常饥，何忽须此"。满洲在旗者，世代吃皇粮，领着朝廷的禄米，又没有什么正经生计要做，听戏、养鸟、喝茶、嚼槟榔都是有钱有闲养出来的习惯。

不过，满人嚼槟榔的习惯肯定有一个源头，必然有一个"第一次接触"，否则槟榔一物怎么可能凭空出现在起源于东北的满人生活当中？笔者查阅了大量的明清历史资料，但都没有找到满人吃槟榔的源头，直到笔者于 2020 年 1 月在北京小住时，与鼓楼大街附近的居民闲聊槟榔，才得知了一个颇有趣味的"说法"。

听说，明末的时候，为了对付新兴的后金政权，明朝廷曾调来以戚继光之法训练的浙闽兵到东北与后金作战，这些南方兵士有嚼槟榔的习惯，随身携带了槟榔。后来明军屡战屡败，有些浙闽兵被后金掳去，八旗兵从这些被俘的浙闽兵身上得到了携带的槟榔。八旗兵吃了槟榔以后，觉得这东西非常好，吃了身子能发热，在天寒地冻的东北是个宝贝。被俘的浙闽兵士随身携带的槟榔很快被吃完了，八旗兵就想到了皮岛总兵毛文龙。这个人虽是明朝的总兵官，但是不听节制，一直与后金有贸易往来。许多后金不能生产，但又必需的汉地物产，就是从毛文龙那里偷运到后金的。于是八旗兵委托毛文龙从南方贩来了槟榔，可是物少价高，只有少数满洲贵族能够享用。后来八旗兵入了关，槟榔不再短缺，但是满人以槟榔为贵的习惯就这样传下来了，所以满人喜欢嚼槟榔。

这个传说虽然没有任何史料佐证，但明朝调浙闽兵入东北、毛文龙走私等事完全符合史实，将其作为一种口述史来看，还是很有价值的。明末浙闽兵在东北英勇作战，在天启元年（公元1621年）的沈阳之战和浑河之战当中都有相当优秀的表现，可惜明朝在辽东的战略部署不当，致使这些万里赴戎机的南方将士在浑河之战中全军覆没。

第六节　槟榔与情爱

槟榔在其流行区域里的各种文化中，都有一致的男女情爱指向。在菲律宾、马来西亚、巴布亚新几内亚等南岛文化中，在僧伽罗、泰米尔、印地等印度文化中，在越南、缅甸、泰国等中南半岛文化中，槟榔都是重要的男女定情物和结婚必备礼物。槟榔在中国文化中的定情物地位也并无不同，屈大均在《广东新语》中就详细介绍了槟榔在岭南婚俗中的重要地位。中文最早关于婚俗中使用槟榔的记录则见于三国东吴万震记载的"婚族好客，辄先逞此物；若邂逅不设，用相嫌恨"。

南唐后主李煜早在《一斛珠·晓妆初过》中就将槟榔作为

情欲的象征物:

> 绣床斜凭娇无那, 烂嚼红茸, 笑向檀郎唾。[89]

这阕词写的是李煜与大周后之间的情爱之事, 烂嚼红茸一段, 把嚼槟榔的女子妖媚风骚的身姿神态描绘得活色生香, 可谓是艳绝无双的文字。

关于槟榔在古印度文化中的定情物象征, 我们可以从《善见律毗婆沙》中的一段记载一窥究竟:

> 折林者, 男子与女结誓, 或以香华槟榔, 更相往还饷致言:"以此结亲。"何以故? 香华槟榔者, 皆从林出, 故名折林。若女人答:"饷善, 大德饷极香美, 我今答后饷, 令此大德念我。"比丘闻此已, 欲起精出不犯。若因便故出犯罪, 又因不出得偷兰遮罪。[90]

《善见律毗婆沙》是从斯里兰卡传来中国的佛教早期律藏经典。此经翻译于南齐永明六年(公元 488 年), 原经是巴利文本, 成书不晚于公元前 250 年。由此可知古印度男女定情普遍用香花和槟榔二物。这里说的律法是关于僧人欲念及泄精的解释, 因为香花、槟榔有定情的喻义, 若僧人与女子互相赠送此二物, 女子又将这些礼物视作定情物, 僧人得知该情况的当下如果马上终止行为, 那么即使泄精都不算犯罪; 如果僧人知情后仍继续调情,那么即使不泄精也算犯了偷兰遮罪，如果泄精则算犯了最重的波罗夷罪[*]。

佛经中这段记载恰与《红楼梦》中贾琏与尤二姐勾搭的一段文字互成注解：

> 贾琏又不敢造次动手动脚，因见二姐手中拿着一条拴着荷包的绢子摆弄，便搭讪着往腰里摸了摸，说道："槟榔荷包也忘记了带了来，妹妹有槟榔，赏我一口吃。"二姐道："槟榔倒有，就只是我的槟榔从来不给人吃。"贾琏便笑着欲近身来拿。二姐怕人看见不雅，便连忙一笑，撂了过来。贾琏接在手中，都倒了出来，拣了半块吃剩下的撂在口中吃了，又将剩下的都揣了起来。[91]

这里贾琏向尤二姐索要槟榔，很明显是要与尤二姐亲近的意思。尤二姐的回答也是半推半就，她知道槟榔有着定情物的意味，也有心与贾琏勾搭，但又怕贾琏心意不坚定，故而说了句"我的槟榔从来不给人吃"，最终还是丢给了贾琏。贾琏得了尤二姐的槟榔，如同得了允可上身的纶音，自然是心花怒放，挑了半块吃剩的槟榔，调情意味更加露骨了。

在这两处文本中，槟榔作为男女之间的定情信物，意思再明

---

* 波罗夷罪有四种，即非梵行、不与取、杀、上人法，若未遂则是偷兰遮罪，这里是指"非梵行"罪，即淫罪。

确不过了。槟榔何以在诸多文化中具有一致的男女情爱喻义？这种喻义是南岛语族自嚼食槟榔习俗源起时便有的，还是由于槟榔本身有使人发热、解除神经抑制的功效，从而被诸多文化一致赋予的呢？

一件具体的物，若要在文化中产生喻义的映射，一开始通常依赖它本身的物理性质。比如说辣椒和姜，本身具有辣的刺激属性，因此被赋予了果断、勇敢的人格化喻义，再从这个喻义出发，延伸到政治文化的层面，则有了革命、反叛的喻义。槟榔的喻义也是从它本身的物理性质出发的。由于它能够使人发热、兴奋、解除神经抑制，故而对人有了催情的作用，进一步地延伸到文化的层面，便是定情物，便是婚礼中必备的交换礼品，而槟榔的偷情意味也是从定情物延伸而来的。

嚼食槟榔的习俗起源于南岛语族，后来习得这种习俗的古印度人、古中南半岛人和古代中国人，都是通过与南岛语族的接触而获得槟榔的，而他们赋予槟榔的喻义又出奇地一致，因此很有可能南岛语族早已发展出了一整套关乎槟榔的礼俗体系，后来得到槟榔的民族，不但获得了这种物本身，还习得了一整套关于槟榔的喻义系统。此外，古代中国、印度、中南半岛诸国之间的文化交流还在不断地印证和强化这套关于槟榔的喻义系统，使得这套系统更加固化和强势。比如说前文那段佛经中关于槟榔定情的描述，其影响力便能够广达整个佛教文化圈，从而进一步强化槟榔的文化形象。再比如由中国文化自发阐释出的"槟榔无柯"，象征忠贞不贰，这种喻义是其他流行嚼食槟榔的地方所没有的，进一步地强化了槟榔在婚俗中的地位。

前文还提到了《儒林外史》中一段关于槟榔的文字，即汤六爷在逛妓院时大嚼槟榔。从这几处可知，槟榔在岭南以北的地方往往有一种偷情的意味，与岭南地区的槟榔喻义有细微的差别。槟榔在岭南的婚俗中有正式的地位，常被用作定情和订婚的礼物。因此在岭南文化中，槟榔往往伴随着光明正大的男女情爱和婚配之事，并没有偷情的喻义。这种细微的差别，也显示出槟榔的喻义在中国发生的流变。槟榔在岭南以北地区并不是平民可以日常消费的物品，进而导致了槟榔在社会礼俗中的"正式"地位有所下降，也就是说，槟榔作为一种稀罕的物事，被用作非正式的社会关系的确定，出发于槟榔与情爱的关联，又超越了正式礼俗的边界。

槟榔在岭南婚俗中的"正式"地位体现在它的四次出场：第一次出场是在提亲的时候，男方家将槟榔及其他聘礼送往女方家，俗名"过礼"（岭南）或"下定"（江南），正式的名称是纳征；第二次出场是在婚礼上，"凡宾客至，无论长幼，新妇必起立奉槟榔"，这是新妇迎宾的礼节；第三次出场是在婚后一二日内（圆房后），女方家人要将一担槟榔送至男方家，名曰"担槟榔"；第四次出场是在新妇第一次归宁的时候，通常在婚后数日内，夫家要准备一担槟榔与新妇一同回娘家酬谢，名曰"酬槟榔"。[92] 在东莞，第三次和第四次互赠槟榔时，娘家亲戚和新妇要唱槟榔歌。[93] 婚俗中槟榔的四次出场都是以多为好，越多越能体现两家的财富和地位。岭南婚俗

中使用槟榔可以上溯到三国时期，下至民国初年，盛行了约
1 700 年。

在当代越南人的婚礼中，槟榔仍然是必备的礼物，与容媛所
记录的民国初年岭南婚俗几乎完全一致。不过在越南婚礼中，槟
榔会出场六次，比岭南婚俗中槟榔出现的频次还要高。第一次是
定亲的时候，夫家须赠一对耳环、一盘槟榔（见彩图 3）、一对
白蜡烛；第二次是"请期"的时候，须带一串槟榔；第三次是
"祭红绳礼"，即祭祀女方祖宗的时候，香案上须摆放槟榔；第
四次是婚礼时，证婚人须手捧槟榔，伴郎头顶一盘槟榔；第五次
是合卺礼时，新郎须将槟榔一分为二，与新妇各食一半；第六
次是回门的时候，新婚夫妇到女方家拜认亲属时，须携槟榔赠
人。[94] 在岭南和越南的婚礼中，槟榔都是相当正式的必备礼物，
是礼节所必须，也是庄重的。

我们将槟榔在中国南北文化中的这种细微差别，放在文化
人类学的显微镜下进行观察，可以得知某种"关联物"在文化
中的地位会根据它的普遍性和可得性而发生变化。当一件"关
联物"普遍而易得的时候，它往往能够用于建立较为正式的、
常态的社会关系；而当一件"关联物"供应不太稳定的时候，
它便会被用于建立一种非正式的、隐秘的社会关系。这很容易
让我们联想起马林诺夫斯基在《西太平洋上的航海者》一书中
大费笔墨描绘的"库拉圈"交换体系：一般性的两种"关联
物"——红色贝壳项圈（soulava）和白色贝壳臂镯（mwali）——
通常在集体参与的仪式中进行流转，而具有特殊意义的宝物

（vaygu'a）则只在特定的小圈子里流转，有时候还充当给妖怪和神灵的祭物。由此可见在"库拉圈"交换体系中，常见的贝壳礼物具有相当稳定和正式的社会礼俗意义，而比较罕见的珍稀礼物的社会礼俗意义则不太稳定，往往根据具体的场景而发生变化。

第四章

八亿人的沉迷：
槟榔在当代的衰与兴

本章重新回到世界历史的视域下考察槟榔。槟榔具有成瘾性，是当代世界四大成瘾性物质中的最后一名，前三名分别是尼古丁、酒精和咖啡因。四大成瘾性物质的排序依据的是其泛滥程度，而非人们对该物质的依赖程度。

　　本章不打算将槟榔作为一种药品或一种食品来讨论，而是将其作为一种成瘾品来观察近世以来发生的一些关于槟榔的事情。这里所说的成瘾，是指人类对于某种精神活性（psychoactive）物质所产生的依赖性，这种依赖性可以分成四个维度。

　　第一个维度是生物维度，即人类在生理上对这些精神活性物质的依赖，一旦戒断这些物质，便会产生生理上的种种不良反应。人们在戒断吗啡、可卡因、尼古丁这些物质时都有严重的戒断生理反应。一切成瘾品之所以成为成瘾品的基础就在于其生理上的刺激作用。但人类是复杂的，光是生理上的刺激远不足以构成人类依赖精神活性物质的复杂图景，使人们深深沉溺其中的往往是其他三个维度的作用。

第二个维度是心理维度，即人类在长期使用某种精神活性物质以后所产生的心理依赖，比如长期嚼槟榔的人在戒断槟榔以后，即使没有特别严重的生理反应（槟榔的生理戒断反应很小），也会不断地暗示自己觉得累了，没有精神，需要来一颗槟榔提提神，这就是心理作用占了主导因素。

第三个维度是行为维度，长期使用某种成瘾品，会形成一种行为上的习惯，比如"饭后一支烟"或者是习惯性地嘴叼香烟的动作。长期嚼槟榔者也有类似的行为依赖，如果嘴里不嚼点什么东西就浑身不自在，这种类型的依赖就是行为依赖。

第四个维度是社会维度，人们经常与有相同嗜好的人结成小圈子，而这种圈子也会进一步巩固和强化人们对成瘾品的依赖。一群吸烟的朋友中，若有一个人提出要戒烟，那么他往往会受到其他人的"嘲弄"。吸烟、嚼槟榔和饮酒等行为很大程度上也是社交行为，因此生活在群体当中的人，不可能完全避免来自他人的影响。

第一节　被遗忘的成瘾品

熟悉世界历史的人都知道，16 世纪是人类历史上的分水岭。欧洲人主导的大航海时代，将人类历史分为此前各自孤立的世界和此后全人类互联互通的世界。那么在这个分水岭的时代到来之际，全世界成瘾品的分布格局是怎样的呢？（见图 4-1）

图 1　印度教神祇黑天给拉达喂食槟榔嚼块的绘画，绘于 1750 年前后（图源：美国费城艺术博物馆，公有领域版权）

图2 当代印度南部的槟榔嚼块包裹物,(顺时针由左上起)分别为干槟榔芯、鲜槟榔瓣、烟草、丁香
(图源:Mohonu,公有领域版权,维基共享资源)

图3 越南婚礼上必备的槟榔,蒌叶被剪成翼形,有比翼双飞之意(图源:Viethavvh,CC BY-SA 3.0,
维基共享资源)

图 4　有荷兰东印度公司徽记（VOC）的槟榔盒［感谢亚历克斯·泰勒（Alex Taylor）博士提供照片，2015 年 2 月 13 日摄于斯里兰卡加勒］

图 5　受荷兰考古联盟委托，日惹苏丹国宫廷的爪哇摄影师卡西恩・塞帕斯（Kassian Cephas）在 1880 年拍摄的当地妇女制作蒌叶槟榔嚼块影像（图源：荷兰莱顿大学图书馆电子文库，CC BY 4.0）

图 6　河北宣化辽张文藻壁画墓，棺前木桌宴席陈列状况，红圈处为槟榔（图源：郑绍宗：《河北宣化辽张文藻壁画墓发掘简报》，载于《文物》，1996 年第 9 期）

图 7　威廉·亚历山大的《贩卖槟榔的中国人》（图源：美国国家美术馆，公有领域版权）

图8 《番社采风图·猱采》

图中文字为"诸邑麻豆、萧垄、目加溜湾等社熟番,至七八月猱采,名曰采摘",图中植物从左至右依次为菠萝蜜、槟榔、椰子、芭蕉。此图反映了台湾少数民族中"平埔族群"的日常生活和居住方式(《番社采风图·猱采》为巡视台湾监察御史六十七于乾隆九年至乾隆十二年间(1744—1747年),命画工绘制的台湾世居民族的风俗图,杜正胜题解,台湾"中央研究院"历史语言研究所1998年出版,[2021-02-21],http://saturn.ihp.sinica.edu.tw/~wenwu/taiwan/index.htm)

图 9　土生华人富商马淼泉夫人（Njonja Majoor-titulair Be Biauw Tjoan）像
1870 年摄于爪哇岛三宝垄，夫人身边的茶几上放有槟榔盒子以及吐槟榔残渣的小痰盂。她很可能有嚼槟榔的习惯，或者以这种方式来表达与爪哇当地民族的亲近（图源：荷兰莱顿大学图书馆电子文库，CC BY 4.0）

图 10　当代的湘潭烟果槟榔（作者摄于 2020 年 4 月 1 日）

图 11　当代的桂子油槟榔（作者摄于 2020 年 4 月 1 日）

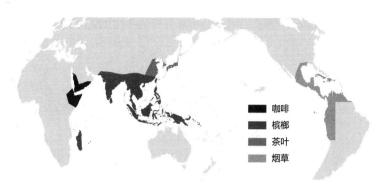

图 4–1　公元 1500 年全球人类主要活动区域的成瘾品分布状况（此为笔者自制的大略的示意图。这里主要考察四种成瘾品，即茶叶、槟榔、咖啡和烟草。其中茶叶和槟榔的分布区域略有重叠，如图示，重叠区域是今中国岭南和越南北部）

　　本节讨论成瘾品的竞争，出于比较的便利，没有将酒精列入比较的范围，这是因为酒精可以由众多农作物产生，其来源过于广泛。比如葡萄、大米、苹果、甘蔗、蜂蜜、高粱和小米等，既可以用作一般食物，也可以用来生产酒类，这使得比较研究时很难确定统计范围。在进行比较的四种成瘾品中，槟榔的主要有效成分是槟榔碱，茶叶和咖啡的主要有效成分都是咖啡因，烟草的主要有效成分是尼古丁。从 16 世纪开始，这四种成瘾品引发了一场全球竞争，欧洲殖民者和商人在利益的驱动下到处散播这些利润巨大的商品。到了 21 世纪初，烟草已经成为全球性的普遍嗜好品，而咖啡和茶叶则瓜分了世界版图，只剩下槟榔仍旧勉强维持着 16 世纪时的势力范围，不但没有扩张，反而还略有收缩。槟榔作为一种成瘾品，无疑是比较失败的。槟榔是继尼古丁、酒精、咖啡因之后的世界第四大成瘾品，然而其流行区域和生产规模比起前三种都要小得多。槟榔只在东南亚和南亚及其周边地区流行，而前三种成瘾品都具有世界范围的影响力（更不要说大多数国家的法律严格控制的罂粟类、可卡因类、大麻类作物了）。从产量上来说，2017 年全球烟草的产量是 650 万吨，茶叶的产量是 610 万吨，咖啡的产量是 921 万吨，而槟榔的产量只有 134 万吨。[1]

　　槟榔在当今世界的流行范围和 500 多年前相比并没有扩大，反而还稍有缩小。1500 年的时候，世界人口总数大约为 4.6 亿[2]，根据当时的槟榔流行区域可推测出，大约有 1 亿人有嚼食槟榔的习惯，约占世界人口总数的四分之一。1500 年时，按照消费的人口数量排序，成瘾品的流行程度从高到低依次是槟榔、茶叶、咖啡、烟草，槟榔位居第一。如今成瘾品的排序与 500 多年前相比正好颠倒了过来，依次是烟草、咖啡、茶叶、槟榔。2017 年，全球人口总数达到 75.3 亿，嚼食槟榔的人口有 8 亿多，约占世界人口总数的十分之一。[3] 虽然 500 多年来嚼食槟榔的人口分布地区变化不大，但占世界人口总数的比例却小得多了。与槟榔的日渐失势相比，其他几种成瘾品的流行范围都大为扩张，最大的"赢家"是烟草，当今世界约有 10 亿人有吸烟的习惯[4]，但在 1500 年的时候，吸烟只在中美洲和加勒比海地区原住民中流行，当时吸烟的人数最多不会超过 100 万人。咖啡和茶叶 500 多年来的扩张虽然没有像烟草那样惊人，但也不容小觑。咖啡原来只在红海沿岸地区流行，茶叶则只在东亚地区盛行，而如今这两种咖啡因的主要载体几乎已经遍及全球每一个角落，甚至超越了地球的局限。1969 年 7 月 20 日，"阿波罗 11 号"飞船的三名宇航员之一——指令舱驾驶员迈克尔·科林斯（Michael Collins）——在其他两位宇航员在月球表面行走时，独自一人在驾驶舱里喝了一杯咖啡。[5]这使得咖啡成了第一份在地球以外的星球被人类喝下的（除了水以外的）饮品。

美国历史学家戴维·考特莱特总结了槟榔不能成为世界流行的成瘾品的原因，大致归纳为三方面：第一是运输原因，即槟榔的生产区域有限，传统的鲜食槟榔方式很难扩展到种植区域以外的地方，而且槟榔必须配合鲜蒌叶和石灰嚼食，石灰较为易得，但鲜蒌叶无疑会给运输增加很大麻烦；第二是体验原因，即初次食用槟榔的感受不好，多数初嚼者会出现胸闷、发汗、头晕的反应，容易被"劝退"；第三是外表的不雅观，嚼食槟榔的观感不好，嚼食者经常会吐出红色汁液和残渣，并且嚼食槟榔会造成脸部变形、牙齿变色、牙龈萎缩等形象问题。[6]

笔者认为这三种原因都是槟榔未能在全球范围内流行的原因，但并不是最主要的原因。首先说生产区域的问题，槟榔的确是一种热带作物，生产区域有限，然而咖啡和茶又何尝不是呢？尤其是茶，不但只能在热带和亚热带种植，还被清代中国当作"国家机密"——严禁将幼苗和种子贩卖给洋人。[*]英国人在19

---

* 1848年，英国东印度公司派遣苏格兰园艺学家罗伯特·福钧（Robert Fortune）进入中国武夷山区盗取茶叶种植和制备技艺。详见 The Great British Tea Heist, By Sarah Rose, SMITHSONIANMAG.COM, MARCH 9, 2010, retrieved at 2020/04/20, https://www.smithsonianmag.com/history/the-great-british-tea-heist-9866709/。

世纪可谓是费尽心机才把生产茶叶的秘密搞到手，从而在南亚大肆种植，打破了中国对茶叶的垄断。

再说到鲜食槟榔的方式问题，虽然全世界主流的消费槟榔方式是鲜果加鲜蒌叶和石灰嚼食，但是在中国和印度的传统医学当中，早有将槟榔制成耐储存的药材的方法，比如中国有将槟榔晒干、盐渍、炒干等多种储存办法，*而印度传统医学也有类似的制法，虽然耐储存的槟榔制品中的槟榔碱——槟榔成瘾的主要成分——会比鲜果略有损失，但仍然足以使人对槟榔上瘾。

接下来说说对大部分初次嚼食者不友善的问题，其实这是所有成瘾品普遍存在的一个问题。咖啡因和酒精都会使人有"苦"的味觉感受，大多数对人具有精神刺激的物质，在人类的味觉中都会被定义成"苦"的，这是一种人类经过长期进化而获得的"避免中毒"机制。[7]初次饮酒和吸烟的感受大概不会比初次嚼食槟榔好多少，既然烟、酒、茶和咖啡可以畅行世界，为什么槟榔就不行呢？最后说到嚼食槟榔形象不佳的问题，如果说嚼食槟榔会让人口齿的颜色改变，脸颊变形，那么抽烟也同样会使人唇齿变色，过量饮酒者往往会有酒糟鼻。此外，抽烟者即使在不抽烟时，口气也很难闻；嚼食槟榔者反而口气不会太差，因为槟榔有抑制口臭的功效。

其实槟榔的"失败"，最致命的原因是在关键的历史时间窗口没有被欧洲殖民者和世界贸易者接纳，即从16世纪到20世纪，

---

*　详见"粤闽土风"一节中介绍的多种保存槟榔的方法。

葡萄牙人、荷兰人和英国人都没有相中这种植物，从而使它永远地失去了在全球范围流行的机会。一种成瘾性植物要达到全球普遍种植和消费的程度，必须先被西欧世界普遍接受，并且成为西欧商人的贸易品，[8]否则它就只能是一种局部的流行，不能像烟草、咖啡、茶叶那样改变整个世界的资源配置格局，不能对人类社会和自然环境产生深远的影响。

所谓历史时间窗口，是指植物性的成瘾品如果错过了 16 世纪至 20 世纪中期这段时期，没有在 20 世纪中期以前发展到全球扩散的程度，那么将永远丧失获得全球性地位的机会。[9]为什么这么说呢？这是因为 20 世纪中期以后，随着医学、生物学和化学的日趋进步，人们对植物性成瘾品中有效成分的认知和析出已经达到很高的程度，不再需要直接通过植物成瘾品，而是通过各种提纯的药品来获取精神活性物质。例如，鸦片被吗啡和海洛因替代，古柯叶被可卡因替代。由于社会形态的改变，人类社会也很难再现工业化时代的商品流通网络构建过程，因此难以形成普遍应用植物成瘾品的社会氛围。另外，由于人类寿命延长，对健康日益重视，使得植物成瘾品难以避免的副作用广为人知，从而阻断了滥用植物成瘾品的途径。1969 年，美国利格特–迈耶烟草公司（Liggett and Myers Tobacco）曾推出过一款槟榔产品，名叫"小口槟榔"（betel morsels），但这项野心勃勃地向全球推广槟榔的计划彻底失败了，市场完全没有反应。[10]这个例子也印证了一点，即槟榔作为一种植物性成瘾品，可能已经永远失去了成为全球性成瘾品的机会。

世界殖民帝国没有"看中"这种作物。更加具体地说，是葡萄牙、西班牙、荷兰、英国和法国这些世界殖民帝国*，以及它们的霸权接棒者美国，看中了茶叶、咖啡、烟草和鸦片，把这些作物作为世界殖民经济策略中的重要一环，从而使咖啡因、尼古丁、鸦片在世界范围内大流行。为了解释为什么槟榔没有被选中，我们需要简单地回顾一下烟草、咖啡和茶叶推广的历史。

烟草的传播是最为迅速的，在1492年以前，只有美洲大陆的人们使用烟草，经过16世纪一百年的传播，几乎全世界所有主要人口分布区域都接触到了这种美洲产物。1492年，哥伦布发现新大陆，他和船员们首先于10月12日登陆了今巴哈马群岛中的圣萨尔瓦多岛，当地人赠送给他们一些"干燥的有特殊香气的叶子"，但他们不知其用途为何，很快就将其丢弃了。同年11月，哥伦布继续在加勒比海一带探索，船员罗德里戈·德·赫雷兹（Rodrigo de Jerez，第一位吸烟的非美洲人）首次在古巴岛上看到当地人吸烟，方法是用玉米叶卷着烟草吸食。赫雷兹很快就染上了吸烟的习惯，他把烟草带回了故乡——西班牙安达卢西亚的阿亚蒙特（Ayamonte）。他吸烟时吞云吐雾的样子吓坏了邻居们，他们认为赫雷兹会通过烟雾与魔鬼交流，并且很快地向宗教裁判所举报了他的"妖邪"行为。他被关押审讯

---

* 作为世界殖民帝国的大英帝国、葡萄牙帝国、西班牙帝国，与欧洲的民族国家英国、葡萄牙、西班牙并不是对等的概念。比如已经解体了的大英帝国，就是由英国及其主导的世界殖民体系共同组成的，包括今印度、南非、加拿大、澳大利亚等国，大英帝国的遗产也由这些国家分别继承。

了 7 年，最终获释，不过他仍继续吸烟直到去世。[11] 16 世纪上半叶，烟草在西班牙被有限地传播，直至一位塞维利亚的植物学家和医师尼古拉斯·蒙纳德斯（Nicolas Monardes）宣称烟草具有神奇的治疗效果，对 20 多种常见疾病都有疗效，从感冒到癌症皆可用烟草治疗。自此烟草开始作为一种草药被有意识地推广开来，直到 20 世纪初，烟草仍被认为是一种很有效的药物，对流感之类的呼吸道传染病尤其有效。[12]

葡萄牙也对烟草的传播做出了巨大贡献，葡萄牙人在 1500 年航行到巴西时发现了烟草，并将它带回葡萄牙。1559 年，法国驻葡萄牙大使让·尼科（Jean Nicot）把烟草作为礼物献给了法国王室，从此烟草属植物被命名为 *Nicotiana*，烟草的主要有效成分被命名为"尼古丁"。[13] 法国贵族使用烟草的主流方法为吸鼻烟，根据历史记载，吸鼻烟似乎对缓解头痛很有疗效，这种方法深深地影响了中国清代贵族的吸烟方式，我们今天能看到大量的清宫旧藏鼻烟壶，就是出于法国的影响。法国对欧洲大陆的其他国家有着很大的影响力，因此吸鼻烟的方法长期与点燃烟草吸食的方法并驾齐驱，直到 19 世纪中后期才逐渐被点燃烟草吸食的方法所替代。中欧和东欧吸烟习惯的起源，大多可以追溯到法国。

英国本土虽然不能种植烟草，但英国在北美建立的第一块殖民地——弗吉尼亚，其生产的第一种能够创造经济价值的作物就是烟草。当时除了高品质的烟草以外，欧洲人在北美殖民地所生产的其他作物都无法与欧洲本地的相媲美。正是烟草奠定了北美殖民地的经济基础。如果一个国家经济上无法独立，那么政治上的独立也就无从谈起，美国的独立得益于烟草良多，以至于独立战争时，美国革命者的一大标志性事件就是毁掉象征大英帝国霸权的茶叶，而英国的反制举措也是销毁美国的烟草。[14] 奠基于烟草之上的美国，从立国之初到 20 世纪，都在不断地推动着全球的烟草成瘾。美国生产的烟草质量很高，如弗吉尼亚烟草良种至今仍是世界上最优等的烟草之一。

　　1580 年，英国人把烟草贩运到奥斯曼帝国境内，之后由奥斯曼帝国传至波斯，在波斯首次出现了吸水烟的使用方式。1575 年，西班牙人完成了横跨太平洋的航行，抵达了菲律宾群岛，将烟草也传到这里。同年，中国商人将烟草带回了福建漳州，从此烟草开始在中国传播。[15] 明朝万历年间姚旅《露书》记载："吕宋国*出一草，曰淡巴菰，一名曰醺，以火烧一头，以一头向口，烟气从管中入喉，能令人醉，且可辟瘴气。有人携漳州种之，今反多于吕宋，载入其国售之。"[16]

　　烟草得以畅行世界，最关键的一点就在于它的强成瘾性。第一个吸烟的非美洲人赫雷兹，在古巴岛上吸烟不过几天时间，便终身难以戒除，哪怕遭到宗教裁判所的迫害，他仍然固执地继续吸烟。后来的传播也证实了烟草的强成瘾性，无论是法国贵族还是漳州商人，只要一接触到烟草这种东西，便都难以割舍，并将烟草带回自行种植，以满足烟瘾。台湾少数民族的传说也是一

---

*　吕宋国是菲律宾古国之一。——编者注

例，布农人传说中提到祖先最早接触烟草的经历，说祖先看到山脚下有人吐出烟雾，于是好奇地过去观察询问，对方将烟斗递给祖先尝试，祖先觉得味道很好，于是用猎物与对方交换烟草，将烟草带回部落。[17] 从这里可以看出，吸食烟草能吐出烟雾的形象很能激发人的好奇心，并且吸食烟草的动作很容易被模仿，人一旦开始吸食烟草，便会迅速成瘾，难以割舍。"口吐烟雾"是烟草得以广为传播的一个重要助攻属性，能让人产生好奇心并且尝试第一口。不过，人之所以会持续地对烟草产生依赖，最根本的原因还是它的强成瘾性。

烟草在全世界流行的道路上也不是没有遇到过阻力。中国明代崇祯，清代顺治和康熙、雍正、乾隆三朝，都曾发布过禁令，禁止民间种植和吸食烟草，主要原因是种植烟草要占用优良耕地，会影响粮食生产。早在 1590 年，教皇乌尔班七世就提出了人类历史上第一个禁烟令，后来欧洲各国屡屡有禁烟之举，如英格兰的詹姆斯一世、俄国沙皇米哈伊尔一世以及后来的纳粹德国都曾以铁腕手段禁烟。禁烟的一个重要原因是，在特定的历史时期，国家无法从烟草消费中获得好处，这个论断对于熟悉烟草税收的当代人来说很难理解，下面笔者详细解释一下。

烟草的另一个重要特征是可以种植的区域很广泛。这是一把双刃剑：好处是便于有烟瘾的人们自行种植烟草；坏处则是让企图从中获利的国家和资本力量无处下手，乃至加以禁止。从烟草的流行历史中我们可以看到，在 20 世纪工业化的卷烟出现以前，除了向欧洲大量出口烟草的美国以外，很少有国家和资本力量愿意倾力投入烟草行业，因为这玩意儿实在是太好种植了，从北纬40度到南纬40度之间的广大地域都可以种植。在现代国家制度出现以前，很少有政权的触角能够延伸到每一个乡村，因此广大农民可以从烟草的流行中直接获利，这严重打击了资本力量从事烟草贸易的积极性。美国在这里是一个例外，因为从17世纪到19世纪末，美国在很大程度上是依赖烟草和棉花拉平与欧洲之间的贸易逆差的。

烟草传播历史上的重要转折点是工业化卷烟的诞生。中国人在习惯吸食卷烟以前，主流的烟草消费方式有三种：第一种是鼻烟，这种方式几乎只在清朝贵族之间流行；第二种是旱烟，利用烟杆吸食烟草，这也是卷烟出现以前全球主流的吸烟方式，在中国北方十分流行；第三种是水烟，水烟比较不方便携行，因此只在中国南方较为流行。无论是哪一种方式，其烟草的来源都不完全依赖能够被国家监控的贸易网络，农民们可以很方便地在集市上出售自制的烟草，或者干脆自种自吸。事实上，直到21世纪，笔者在中国各地进行田野调查时仍经常见到出售烟丝的农民和小贩。但出售自制卷烟的情形则几乎没有，因为政府对卷烟生产和销售的控制是非常严格的。随着20世纪初卷烟的普及，以及国家社会控制能力的增强，情况变得对国家很有利，卷烟的生产和贸易很容易被控制，国家可以通过烟草专卖或者烟草税轻易地获得大量税收，因此国家和资本力量也有十足的动力去推动卷烟的流行。卷烟的流行催生了一批实力雄厚的烟草企业，首屈一指的就是英美烟草集团（British American Tobacco），紧随其后的有菲莫国际（Philip Morris International）、帝国烟草公司（Imperial Tobacco）和日本烟草公司（Japan Tobacco）。* 英美烟草集团一年的销售收入为330亿美元（2019年）[18]，比当年尼泊尔的国内生产总值（306亿美元）[19]还多，说这些烟草企业富可敌国是毫不过分的。

从上面梳理的烟草传播历史来看，我们可以总结出烟草的两大特征，即成瘾性强和种植区域广。与烟草相比，槟榔的成瘾性比较弱，种植区域太受限。槟榔的成瘾性主要在于摄入槟榔碱可以让人产生兴奋感、欣快感，并不存在明显的药物依赖生物学机制。[20]嚼食槟榔成瘾可能更多的是一种心理、行为和社会因素的依赖。综合来看，槟榔碱与尼古丁相比，成瘾性要弱得多。以笔者的亲身体验而言，我与嚼食槟榔者共处时往往也会接受对方提供的槟榔，但平时并没有想要购买和嚼食槟榔的欲望，简单地说，就是你递给我了，我就吃一颗，但自己不会主动地想要吃。再说种植区域的问题，槟榔的种植区域比烟草、茶叶更受限，基本上只能在热带地区出产，也就是南北回归线之间的区域，这个区域大致与咖啡生长的区域重叠，但咖啡适宜种植在热带高海拔地区，而槟榔则适宜种植在热带低海拔地区。

---

* 2019年，中国烟草行业工商税利总额为12 056亿元（数据来自：2019年烟草行业税利总额和上缴财政总额创历史最高水平，中国烟草，[2021-11-07]，http://www.tobacco.gov.cn/gjyc/tjxx/20200301/0681615f16cf48dda06fbd2b6db-be259.shtml），约合1 747.6亿美元（2019年全年人民币平均汇率为1美元兑6.898 5元人民币），相当于5个英美烟草公司集团的销售收入。但中国烟草公司并不是完全的企业，具有政企合一的性质，因此不能拿来类比。

这样看来，槟榔与茶叶和咖啡有比较近似的特征，它们都是低成瘾性、种植区域受限的作物。但是为什么茶叶和咖啡的大流行，并没有发生在槟榔身上呢？

茶叶的全球流行，可以说是大英帝国推动的。茶叶最早并不是由英国人带到欧洲的，更早的殖民者们——葡萄牙人和荷兰人——都曾尝试过从中国收购茶叶，并在欧洲销售，但他们所销售的茶叶数量往往很少，价格又极为高昂。可以说，茶是欧洲贵族们尝试东方风味的一种新奇饮品。17世纪的时候，欧洲各国的贵族圈子里盛行"东方风情"，茶叶作为这种潮流中的一个代表物，受到了贵族的欢迎。但这时候的茶叶，与其说是一种嗜好品，还不如说是欧洲贵族用以炫耀身份的异域奇珍。茶叶的真正流行还是18世纪的事情，这一时期大英帝国已经在远东地区占据了贸易上的主导地位，英国东印度公司也成了茶叶贸易的主要推动者。在1699年，英国的茶叶进口量只有13 082磅*；到了1721年，这个数字变成了1 241 629磅；1750年，则是4 727 992磅；到了1790年，英国东印度公司从中国进口了超过2 000万磅的茶叶。[21]

大英帝国推动茶叶的流行有许多历史因素，从宏观角度来说，主要有三个方面的原因：其一是不列颠东印度公司（通称英国东印度公司）需要一种容易垄断的商品，以保证公司的利润和对印度的殖民开发；其二是英国本土城市居民阶级兴起，需要一

---

* 英美制重量单位，1磅合0.453 6千克。——编者注

种新的饮料以替代传统的英国饮料；其三是英国在加勒比海地区的殖民地生产了大量的糖，因而必须为消费这些糖寻找一种适宜配对的饮料。下面我们来逐一分析这三个方面的原因。

首先是英国东印度公司方面的原因。实际上葡萄牙人和荷兰人都曾进行过茶叶贸易，因此茶叶贸易并不是英国东印度公司的专利。不过葡萄牙人和荷兰人并不专精于茶叶贸易，他们的主要贸易商品是来自印度和东南亚的香料与珠宝，在英国人开始东方贸易之前，他们已经垄断了香料贸易近150年，因此英国人很难插手荷兰人业已成熟的贸易系统。而且荷兰人在18世纪初已经在印度和东南亚占据了十余个贸易据点，英国人除非逐一攻陷这些贸易据点，否则不太可能形成对香料的贸易垄断。产自中国且只产自中国的茶叶就是英国人的不二之选了，因为当时中国只有一个口岸——广州——从事对外贸易，即所谓"一口通商"的外贸体制，只要能够控制来往广州的航线，英国人就能垄断茶叶和瓷器贸易。这对于海上力量有余而商业经验不足的英国人来说是最优的选择，只要能在欧洲为茶叶找到好销路，他们就能够财源不断。

其次是国内市场方面的原因。英国人向来是不太喜欢直接饮水的，这是一个饮食传统的问题。在中世纪时期，英国曾多次暴发大规模的流行病，这些疾病中有不少是水源性的疾病，而英国人又没有饮用煮过的水的习惯，因此在英国的民间卫生习惯当中，人们经常把饮水和容易生病联系起来。尤其是在18世纪初兴起的城市当中，人群的密集导致饮用水的卫生问题进一步恶化，当时城市里的人往往以牛奶和啤酒作为补充水分的来源，而尽量不直接喝水。一般来说，女人和孩子饮用牛奶比较多，成年男子则大量饮用啤酒。显然，整天醉醺醺的样子并不符合18世纪在英国大为兴盛的清教徒精神，也不符合"新教伦理和资本主义精神"，英国需要一种新的、健康的饮料来让人清醒而振奋。茶和咖啡这时候分别在不列颠群岛和欧洲大陆兴起，就是基于这样的历史背景。但咖啡的产地长期由奥斯曼帝国占据，而咖啡的贸易主要由地中海沿岸的商业势力主导，如威尼斯和热那亚，英国很难从中获利。茶叶就成了英国式的"新教伦理"和"资本主义精神"理所当然的承载物，被英国商人有计划地大规模推广开来。

最后说说加勒比海地区生产的糖。众所周知，英国式的茶饮是茶叶、糖和牛奶的混合物，三者又极具象征意义——代表亚洲殖民地的茶叶、代表美洲殖民地的糖和英国本土产的牛奶相混合，正是大英帝国世界版图的缩影。对茶饮的推动不仅仅有英国东印度公司、英国本土力量的作用，来自制糖工业资本的影响力也绝不可小看。当今世界所盛行的饮料大都含有远超过人体所需要的糖类物质，比如可乐、咖啡、奶茶，与其说是在卖各种饮料，毋宁说是制糖资本势力在向全世界兜售糖水。人类有嗜甜的生物本能，因此对于掺有大量糖类物质的茶饮趋之若鹜。糖的加入使得茶在英国的推广更加容易被一般大众所接受，英式奶茶以其顺滑香甜的口味，成为工业时代英国各阶级都能普遍接受的饮品。工业化的糖业，以及19世纪以后英国东印度公司在印度开辟的茶叶种植园，使得奶茶成为所有人都能消费得起的饮品。用煮过的开水泡茶饮用的生活方式使得英国人更加健康与清醒，全球化的糖、茶贸易使得英国的经济实力迅速上升。

通过回顾烟草和茶叶盛行全球的历程，我们可以发现，槟榔与烟草相比，成瘾性太弱，种植区域太受限。槟榔与茶叶和咖啡相比，虽然在成瘾性和种植区域方面比较相似，但是来自其他方面的推动因素不足，西欧国家向来对于饮品有所需求，尤其是在工业时代开始之际，急需一种酒精饮料的替代品，茶和咖啡正好可以满足西欧国家的内部饮品需求。再加上对茶和咖啡的成瘾可以促进糖的消费，使得多方资本势力愿意加入对茶和咖啡的推广；糖的加入也使得茶饮和咖啡更加受欢迎，更容易被大众所接受。茶和咖啡的长期流行，并不单单缘于咖啡因的成瘾作用；人类的嗜甜本能，也使得这两种普遍加入了糖的饮品具有双重的吸引力。

槟榔较弱的成瘾性是一个"大问题"。嚼食槟榔更多的是让人产生一种行为依赖，而不是槟榔碱本身难以戒除。前文"西方视野中的槟榔"一节曾提到，在斯里兰卡西部沿海港口加勒，有明确的证据表明当地的荷兰商人曾受到当地居民的影响而开始嚼食槟榔，但这种行为并未传到荷兰本土。笔者认为海外荷兰商人嚼食槟榔的习惯之所以不能够像吸食烟草一样传到欧洲本土，主要的原因应该是槟榔成瘾性太弱。这些商人可能已经习惯在斯里兰卡经常性地嚼食槟榔，但当他们回到荷兰以后，即使找不到槟榔，也不会产生太强烈的不适感，因此就没有进一步地去研究如何能够让槟榔长期保存、长途运输的方法。

槟榔只能够在热带地区种植，这种特性其实与茶叶在 17 世纪和 18 世纪的处境是很相似的，当时茶叶的主要输出国只有中国，而中国的对外通商口岸只有广州一处，因此只要控制了与广州的贸易，就能够垄断茶叶贸易。同一时期，槟榔的主要产地和远洋贸易路线都在荷兰与英国的控制下，假如西欧发生了嚼食槟榔的大流行，那么荷兰和英国（尤其是控制了大片槟榔产地的荷兰）将会从中获得巨大的利益。但这种事情毕竟没有发生，西欧国家的人民向来没有在口中长期咀嚼某种食物的传统，槟榔的消费方式对于西欧人来说，是一种需要无中生有地创造出来的习惯。更何况嚼食槟榔时口中吐出红色汁液的形象很可能让欧洲人望而生畏，多方面的综合因素导致欧洲人不太可能接受槟榔这种咀嚼物作为流行商品。

在 500 多年风云际会的世界历史中，槟榔并没有随着欧洲殖民者的风帆乘风而起，没有成为在全世界范围内普遍流行的成瘾品。随着人类进入 21 世纪，槟榔愈加不可能成为一种世界性的嗜好品，欧洲和美洲的许多国家已经对槟榔的进口实施了严格的监控，澳大利亚、土耳其、新加坡、阿联酋、加拿大等国政府将其认定为毒品，它的流行范围被限定于亚洲和太平洋地区的热带区域。

第二节　清末大变局中衰微的小槟榔

自宋代到清末，中国嚼食槟榔的区域一直是比较稳定的，除了台湾在清康熙年间被重新纳入中央政府管辖，使得中国新增了一处重要的槟榔产地和嚼食地区以外，其他地方几乎没有变化。在清代大部分时间里，槟榔流行区域大致在今台湾、福建、广东、海南、广西和云南等地。此外，在南方主要的商业都会（如南京、长沙、武汉）中，一些商人也有嚼食槟榔的习惯；在北方，基本上只限于旗人偶尔嚼食槟榔。

到了19世纪末20世纪初，伴随着清朝的覆亡和中国社会的剧烈变革，槟榔的嚼食区域发生了一次很大的变化，可谓是"数千年未有之大变局"。北方嚼食槟榔的习惯基本上随着旗人贵族这一社会阶层的解体而完全消失。江南地区的槟榔嚼食区域也出现了重大的萎缩，到了20世纪中期时只剩下了湘潭附近的一小块地区。广东、福建这两处最早流行嚼食槟榔的地方也出现了类似的情况，到了20世纪中期，广东和福建基本上已经难觅嚼食槟榔的影踪，只剩下海南岛和台湾岛两处槟榔产地的人们仍然有嚼食槟榔的习惯。至此，中国当代的槟榔嚼食区域既已形成，即具有鲜食槟榔习俗的海南岛和台湾岛，以及湖南湘潭。

在19世纪末20世纪初发生的槟榔嚼食区域的变化，其成因是非常复杂且多方面的，它所发生的时代背景，是清末民初中国的社会、经济、文化、政治大变革。从社会层面来说，中国从传统农业社会渐渐走向现代商业社会，这种变化在沿海地区尤为明显，使得广东和福建发生了剧烈的社会动荡，从而动摇了槟榔嚼食习俗依存的社会基础。从经济层面来说，中国传统的内河商业模式渐渐让位于殖民地式的洋行买办商业模式，这种变化使得槟榔的传统营销通路受到极大冲击。从文化层面来说，大部分中国人在清末民初时对本土的文化风俗产生了极大的怀疑和不自信，认为包括嚼食槟榔在内的许多传统习惯是落后的、堕落的，从而积极地移风易俗，引进西方文化。从政治层面来说，辛亥革命以后，旗人贵族阶级的"铁饭碗"被砸掉，使得北方的槟榔需求一落千丈，再也难以支撑起北方槟榔消费的格局。

　　清代嚼食槟榔习俗的分布状况可见于各地的方志记载，如雍正年间的《云南通志》《广西通志》《浙江通志》，乾隆年间的《福州府志》《梧州府志》《腾越州志》《潮州府志》，道光年间的《肇庆府志》《广东通志》，同治年间的《韶州府志》，光绪年间的《香山县志》《广州府志》《湘潭县志》《湖南通志》等方志中皆有槟榔记载出现。

　　总的来说，嚼食槟榔这一习俗在清末发生了重大的变化，这种变化在第二次鸦片战争和太平天国战争[*]（分别结束于 1860 年和 1864 年）之后的 19 世纪下半叶尤为明显。这种变化可分为"此消"与"彼长"，"此消"是指闽粤嚼食槟榔习俗消失，而"彼长"是指湖南湘潭嚼食槟榔习俗兴起。另外，清朝覆亡以后，

---

* 　关于这场战争的表述，"太平天国起义"或"太平天国叛乱"都有明显的立场倾向，笔者希望采取中间的立场，因此不使用这样的表述。近来史学界常用的"太平天国运动"，笔者认为更为不妥，因为"运动"一词一般指发生时间较短或不涉及大规模军事行动的历史事件，如"五四运动""反右运动"等。由于整个太平天国的历史都伴随着战争，因此笔者认为可以视之为一场延续近 14 年的大规模战争，故而本书中采用"太平天国战争"的表述。

北方旗人嚼食槟榔的习俗也迅速消退。换言之，北方嚼食槟榔习俗的变化主要是清朝政权的覆亡导致的，原因比较简单，这一点没有过多讨论的必要。湘潭嚼食槟榔习俗的兴起则放到下一节"湘潭人是怎么开始嚼槟榔的"中详细讨论，长江流域嚼食槟榔习俗的变化与湘潭关系密切，因此笔者也将在下一节中一并讨论。本节主要讨论闽粤嚼食槟榔习俗的消退，这一变化主要发生在 1860 年至 1920 年之间。

当今闽粤嚼食槟榔的习俗几乎已经绝迹，其原因笔者归纳为以下三点：

（一）鸦片战争带来的贸易格局的变化；

（二）一般民众的赤贫化；

（三）民国初年的移风易俗。

首先，我们要明确的是，闽粤两地人所嚼食的槟榔中有相当大的一部分不是新鲜的槟榔，而是经过处理的、耐储存的干槟榔和咸槟榔之类。清末时，福建的槟榔主要来自台湾，而广东的槟榔主要来自海南。福建槟榔的来源在清代中期发生过一次变化，原本福建的槟榔是来自海南与吕宋的，后来经过清代中期对台湾的垦殖和开发以后，台湾成为福建槟榔的主要来源。广东的槟榔主要来自海南，也有少部分来自东南亚各地。海南自唐代以来一直是中国槟榔的主要产地，除了福建、台湾以外的中国其他地方的槟榔，基本上都是来自海南的。在清代，海南岛槟榔的输入路径也比较单一，基本上都是以海船运抵广东各口岸，经粤海关稽查征税以后，再发往内陆各地。粤海关对于槟榔的分类，分为榔青、榔咸、榔干、榔玉四种。榔青是新鲜槟榔，榔咸是盐渍槟榔，榔干是干燥槟榔，榔玉是槟榔芯。榔青、榔咸主要用于嚼食，榔玉一般作药用，榔干药用、嚼食皆可。粤海关对于槟榔的计量和收税是以三百斤作一簊（音垄，箱笼意），每簊收关税在二十文上下，各口岸略有不同。[22] 根据《粤海关志》的记载可知，除北海、徐闻、吴川、高州和阳江这几处离海南较近的口岸有输入榔青，即新鲜槟榔以外，其余口岸皆以榔咸、榔干、榔玉为多。

清末时，广东的巨大社会动荡是从鸦片贸易开始的，鸦片贸易导致中英贸易出现从出超到入超的逆转，也导致广东商民蒙受了巨大的经济损失。从 1830 年开始，英商输入中国的货物中，鸦片占一半以上，每年外流银圆为七八百万圆。大量白银的流出导致贸易通货减少，造成了国内贸易萎靡不振、对外贸易畸形膨胀的后果。在 19 世纪初的广州，一两白银约换制钱 1 000 文，到了 1839 年，一两白银可换制钱 1 678 文。[23] 由于白银一般用于大额贸易，而铜钱则是一般小额市面交易所用，因此容易导致国内消费价格上涨和国内商品交易价值下跌。从下面的简略贸易图中，我们可以一窥以槟榔为例的国内贸易受损情况（见图 4-2）：

图 4-2　槟榔国内贸易白银－铜钱双通货流通示意图

海南槟榔种植者出售槟榔获得铜钱，那么在铜钱日渐贬值的情况下，他获得的价值是日益减少的。槟榔采购商向槟榔经销商大量出售槟榔，以白银为结算单位，因为白银价值有所提高，所以他获得的白银数量也是减少的，且由于广州是对外贸易口岸、白银的流出地，因此白银价值比其他地方更高，槟榔采购商会选择在广州兑换铜钱，这样白银就会进一步向广州集中。广州的槟榔经销商向一般消费者出售槟榔，是以铜钱为交易货币的，铜钱价值下降，所以广州的槟榔消费者需要付出更多的铜钱购买槟榔。由于槟榔经销商需要用日益升值的白银购入槟榔，获得的却是贬值的铜钱，因此其利益受到很大的损害，于是经销商需要大幅度提高槟榔的零售价格以保证利润，对抗铜钱兑换白银之间日益上升的差价。

从上述流程中我们可以看出，由于铜钱和白银的双通货经济模式，在铜钱价值下跌、白银价值上涨的情况下，槟榔种植者得到的是日益贬值的铜钱，槟榔消费者则需要支付更多的铜钱。槟榔经销商和槟榔采购商之间以白银为结算货币，参照上文的简略贸易图（图 4-2），四者中唯有槟榔采购商能够在白银价值上升、铜钱价值下降的情况下得益，因为他能够获得白银。由于白银价格日益上涨，且以广州为中心向其他地方辐射（存在响应时间差），因此槟榔采购商更愿意持有白银而不是持有货物。这就导致在贸易过程中能够得到白银的商人不愿意将白银投入商品流转的渠道中，而是持有白银在广州观望。

大量汇聚到广州的白银被用于购买鸦片，白银购买力的增强，导致鸦片及其他进口商品的价格进一步下降。这样此消彼长的结果就是，凡是国内贸易的商品，其流转渠道都受到了损害，从而导致供应不足和价格上涨；凡是国外进口的商品，由于白银购买力的增强，反而出现了价格下降的情况。鸦片贸易所带来的不单是鸦片本身对中国民众身心健康的伤害，还从破坏货币制度的角度扭转了中国对外贸易的顺差。对于这种情况，当时的学者已经有所警觉，并且撰文直陈其弊，如"银之漏卮，耗于鸦片……故洋商置买货物，亦复银洋互用……今日银荒，恐数十百年后，百货俱荒，悉入外洋垄断之薮"[24]。

鸦片的大量输入和白银的流失，导致广东社会出现双重困境。一方面是鸦片带来的社会危害使得国人财富虚耗，民众身心健康受损；另一方面是银价飞涨导致国内贸易难以为继。这样一来，广州附近地区的社会和经济状况，尤其是手工业者和城市商业相关利益群体都受到了严重的冲击，从而深刻影响了广东的传统商业格局。从1836年起，清廷中有许多大臣都发现了鸦片贸易所带来的严重社会危害，生计受到影响的一般民众和商人开始发起反烟活动，于是朝野上下呼应，开始了1838年到1839年的广东禁烟行动。

禁烟行动一开始取得了颇为积极的进展，但是英国方面也很快开始采取行动，以武力保障鸦片贸易的继续进行。1840年4月，英国议会通过了对华战争的提案。1840年6月，英国海军抵达珠江口附近，留下少量舰艇封锁了珠江口，其余主力沿海岸线北上袭扰中国沿海。英军在袭扰厦门、攻陷定海之后，于8月抵达大沽口，开始与清廷谈判。博尔济吉特·琦善与查理·义律（Charles Elliot）的交涉历时一个月，结果是琦善在做出包括撤办林则徐、割让某处口岸、赔款等承诺后，要求英军退回广东等候皇帝批复。英军此时正逢疫病，且冬季大沽口附近海面有结冰可能，因此义律和懿律答应了退回广东再做进一步谈判的要求。

1840 年 11 月，琦善抵达广州履任，12 月，开始与义律谈判和约，但谈判进展缓慢，双方意见难以达成一致。义律决定以武力逼迫琦善，于是在 1841 年 1 月 7 日进攻且攻克了珠江口防御体系的第一道防线——大角炮台和沙角炮台。琦善面对英军的压力，只好与义律商拟了"穿鼻草约"。由于"穿鼻草约"涉及割让香港岛，因此琦善不敢在未得朝廷许可之前签字，只答应义律代为启奏。义律看到琦善软弱可欺，便进一步发动攻势逼迫琦善，一面抢先公布未获中英两国政府承认的"穿鼻草约"，并于 1841 年 1 月 26 日强行占据香港岛，一面在 2 月 26 日攻陷珠江口的第二道防线——靖远、镇远、威远炮台。2 月 27 日，英军又攻陷珠江口的最后一道防线——乌涌炮台，至此，英军舰船已经可以直抵广州城下了。

"穿鼻草约"的内容大约在 1841 年 2 月被道光皇帝知晓，皇帝立即下令严惩琦善，派出奕山等一干官员替换。同年 4 月左右，伦敦也收到了关于"穿鼻草约"的报告，内阁会议否决了此草约，派出了亨利·璞鼎查（Henry Pottinger）替换义律，并给予了璞鼎查扩大战争、争取更有利条款的指示，同时大幅增派军力随璞鼎查赴任。

事实上，英军在 1841 年 3 月以后几乎已经完全包围了广州城，随着进入贸易旺季，英国商人强烈要求与清方停战并进行贸易，于是在 3 月 20 日至 5 月 20 日这一时间段广州得以暂时休战，恢复贸易。同年 4 月 14 日，奕山抵达广州履任，随后各省援军陆续抵达广州，清军开始策划突破英军对广州的包围。5 月 21 日，清军发动夜袭，试图火攻英军陈列于珠江江面的舰船。然而突围行动不但寸功未建，反而招致英军的猛烈打击，英军反攻并夺取了城西的泥城和城北的四方炮台。5 月 25 日至 26 日，英军从城北高地的四方炮台向南开炮轰击城内，英舰亦于珠江上列阵向北炮击广州城，两面夹击之下，广州城内一片混乱，奕山等人只得请降。双方遂于 5 月 27 日议定城下之盟《广州和约》，该条约规定奕山率军撤离广州 60 英里 *，一周内交赎城费 600 万元，交清后，英军退出虎门；中英两国议和前，广州不得设防，清方赔偿广州夷馆损失 30 万元。

1841 年 8 月以后，随着璞鼎查到任，第一次鸦片战争进一步扩大，直至 1842 年 8 月才以签订中英《南京条约》停战。但此后的战事基本不在广州附近发生，因此不做详细叙述。

第一次鸦片战争的失败使得广东本就非常严重的社会问题进一步恶化。广州附近地区在战争中损失极大，战争中被征调的兵力、粮饷最多。《广州和约》议定以后，退出广州城的溃散清军四处袭扰广州附近的乡镇。战争期间广东支出的军费最多，战后

---

* 1 英里 =1.609 344 千米。——编者注

的赔款也由广东负担最多，另有战争期间的赎城费600万元和赔偿夷馆损失的30万元。广东珠三角地区原本是中国最为富庶的地区之一，但经此一役，以及后来反复拉锯的反租地和反入城斗争，广东地方政府和民间财富的损耗极大，加之长期不能正常通商，广州商民的生计受到了严重的影响。广东民间在战争期间和战争结束以后被迫捐输了高于正常赋税值数十倍的款项，鸦片泛滥、钱贱银贵等战前就已经存在的问题更进一步加剧，使得收入锐减而支出倍增。《南京条约》签订后，五口开放通商，商路改变，原本经江西、湖南输入广东的贸易线路沿线有十万挑夫失业，数百万人流离失所。这些失业流民中有许多客家人，他们在此后的数十年间掀起了震动全国的太平天国战争，以及在广东造成赤地千里的土客冲突。

第一次鸦片战争是一场未完成的战争，广东在这场战争中损失惨重，引发了剧烈的社会动荡，民众认为自身遭受的苦难完全缘于英国人的入侵，因此民间对洋人的仇恨更深。英国人也没有完全实现原本的企图，他们仍希望能够扩大在中国的利益，完全掌握广州附近的局势（即使在五口通商后，英国人也始终未能实现进入广州城的目标）。双方对第一次鸦片战争结果的不满，导致1842年至1856年间的和平只能是一段暂时的休战期。第二次鸦片战争由1856年"亚罗号事件"开始，这场战争从一开始就有着完全不同于上一场战争的性质。第一次鸦片战争中，与英军对峙的主力是清军，那场战争是两个政府之间的对抗，在三元里抗英事件中，民兵乡勇只在本村遭受侵扰时做出抵抗。第二次鸦片战争时，广东各地的乡约、团练等民间武装成为与英法联军作战的主要力量，已经出现了一种"全民战争"的状态，仇恨洋人的广东民众四出袭击英军。[25] 英法联军在第二次鸦片战争中为了完成"广州入城"目标，彻底击垮广东民众的反抗意志，在1857年12月28日发动了对广州的攻城战，12月29日完全占领了广州城，成立了英法占领委员会，对广州进行了长达3年多的殖民统治，直至1861年10月和谈达成才撤出广州城。经历两次鸦片战争的残酷打击，广东民众已经先于全国其他地方的民众意识到，时代已经变了，中国社会不发生根本性的变革，是不可能取得与洋人对等交流的条件的。

第二次鸦片战争中，英法联军占领并统治广州长达3年多，这是中国历史上首次出现由欧洲殖民者管制一个拥有数十万人口的大型中国城市。* 原本广州民众是坚决抵制洋人入城的，但在英法联军的绝对武力优势面前，终究还是不得不屈服。3年多以英国人为主的殖民统治给广州商民留下了深刻的印象，原本坚固的"华夷之防"开始出现松动。其中比较有代表性的是英法占领军对待在押囚犯的人道态度。占领军在视察过南海、番禺两县的监狱后，对囚犯的悲惨处境十分震惊，下令立即对患病囚犯进行医治，并改善了监狱的条件。在整个占领期间，占领军禁止中国官员拷打犯人，更不准使用凌迟等酷刑。这件事情给当时在广

---

* 1860年前后，广州人口为50万~60万，很可能是当时中国产值最高、人口最多的城市。

州的中国官员带来很大的触动。时任广东巡抚的劳崇光还萌生了要去英法看一看的念头。[26] 广州的许多官员和商人在与英法占领军近距离接触后，对洋人的态度从敌对改变为"可以学习的对象"。

以上主要解释了鸦片战争带来的贸易格局的变化，下面再说说"赤贫化"和"移风易俗"对槟榔嚼食习惯消失的影响。

两次鸦片战争以后，中国社会内外交困，内有严重的民族矛盾和王朝末路问题，外有殖民者入侵和洋货倾销，使得人民的生活水平急剧下降。其实在清朝嘉庆时期以后，中国就已经深陷"内卷化"危机，在科技实力和土地面积都没有增长的情况下，人口膨胀，导致人均收入极低。然而鸦片战争过后，受到鸦片倾销及其他洋货倾销的影响，赤贫的范围从原来的小农、佃农、城市苦力迅速扩展到手工业者、小商贩，随着洋商和洋行对中国内外贸易的垄断，以及大范围的战争破坏和大量的战争赔款，就连传统的中国商人也陷入了贫穷困境。这样一来，原本那些能够消费得起槟榔的社会中上阶层，也无法保持他们原有的消费习惯了。随着赤贫范围的迅速扩大，槟榔很快失去了它原有的消费人群，致使嚼食槟榔的习惯也几乎绝迹于中国的各大城市。

从19世纪60年代开始，中国朝野的有识之士大都意识到中国已经无法阻挡世界殖民帝国扩张的历史潮流，中国的旧制度和文化必须进行彻底的改造。曾国藩、李鸿章、张之洞和左宗棠等人发起了对中国历史影响深远的洋务运动，很快地，向西方学习，重新审视中国旧有的文化和习俗成了社会普遍的共识，这种情况在与西方交流比较多的沿海和沿江主要商业城市中尤为明显。而这些城市以及这些城市里的工商业阶层，往往就是嚼食槟榔习俗依存的对象。假使嚼食槟榔习俗在中国的农村也普遍存在，那么它的消亡可能就不会那么彻底，最典型的例子就是抽旱烟和抽水烟，这两种抽烟方法原本分别普遍存在于中国北方与南方的大城市，但是在洋卷烟普及以后，老式的烟枪、烟管在 20世纪 20 年代前后就几乎绝迹于城市中了，然而在乡村则至今仍可偶尔见到。嚼食槟榔需要不时地吐槟榔渣，因此这种习惯受到了特别的诟病，民国初年，嚼食槟榔的习俗在广州、泉州、南京等大城市已经基本消失，以至于在国民政府于 1934 年发起"新生活运动"时，嚼槟榔已经不是一种需要被特别提醒注意的广泛习俗了。

关于槟榔习俗的淡出，有一种说法认为漳州的嚼槟榔习俗消失与陈炯明在漳州建立"闽南护法区"有关。当时陈部粤军入闽，革除旧习，其时正当 1919 年五四运动，9 月 9 日龙溪县召开国民大会，决议禁止日货进口。台湾在那个时候已经被日本占据，因此台湾产的槟榔自然算是"日货"，也在被抵制之列。[27] 不过这种说法并没有确实的文献支撑，只不过"按理来说，应当如此"。综合各种资料来看，闽粤两地嚼食槟榔的习俗在 20 世纪 30 年代以前，基本上已经完全消失了。

许多关于槟榔的研究文章想当然地提出是烟草的流行"挤掉"了槟榔，[28] 然而这种想法根本经不起推敲。烟草可以和诸多成瘾品加成，不存在烟草替代其他成瘾品的情况。在 17 世纪至

18世纪的西欧，咖啡馆的流行也促进了烟草的消费，抽烟的人代谢咖啡因的速度比不抽烟的人的快50%，[29] 咖啡馆也是吸烟者重要的社交场所。同样地，抽烟的人代谢槟榔碱的速度也更快，因此才有"槟榔配烟，法力无边"的说法，若有人抽烟的同时嚼槟榔，那么他获得槟榔碱的刺激速度就会更快、更强烈。从现在湖南、台湾和海南的情况来看，抽烟和嚼槟榔的行为往往是相互加持的，并没有任何证据支持抽烟能够替代嚼槟榔这种假设。

第三节　湘潭人是怎么开始嚼槟榔的

虽然在当代，湘潭是中国大陆上唯一的汉族嚼食槟榔习俗传承地*，但湘潭嚼食槟榔习俗的起源时间其实相对较晚。从方志的记载来看，乾隆年间编成的《湘潭县志》（1756年）尚未记载湘潭民众有普遍嚼食槟榔的习俗，[30] 直至嘉庆年间的《湘潭县志》（1818年）才首次出现了关于此地民众嚼食槟榔习俗的记载："士大夫燕客，米取精细，酒重醇酿，珍错交罗，竞为丰腆，一食费至数金，而婚丧为尤，甚至槟榔蒌叶，所往酷嗜。"[31] 可见槟榔在湘潭的兴盛大约是嘉庆、道光、咸丰年间的事情。

这里说的是湘潭地区的社会风气日趋浮华，宴会上甚至出现了槟榔和烟叶，以此作为靡费的标志。其实湘潭早在唐代便

---

* 当代云南南部亦有嚼食槟榔习俗，主要在西双版纳地区，以傣族、哈尼族、布朗族等少数民族为多。

已是湖南中部的商业重镇，五代时设立了重要的商贸榷场——易俗场，此后易俗场一直是湘江水道沿线最重要的商业交易场所之一。清代的湘潭尤为富庶，湖南有俗语称"金湘潭、银益阳"，王闿运在光绪年间的《湘潭县志》里称湘潭"财赋甲列县"，"湘潭富饶为湖南第一，凡捐输皆倍列县"。湘潭的财富主要来自商业。由于湘江在湘潭城附近形成更利于帆船停泊的河曲，而湘潭下游的省府长沙则无停泊帆船的条件，因此无论是广州北上，还是汉口南下，湘潭都是联结沿海与内陆商贸的重要码头。[32] 清代湘潭有诸省商人设立的会馆，其中以江西籍商人设立的最多，会馆中规模较大的有豫章会馆、岭南会馆和北五省会馆等。在湘潭交易的货物中，以药材最为突出，湖南有俗语"药不到湘潭不齐"，说的就是湘潭药材行业的鼎盛。由于大量药材在湘潭汇聚，激烈的市场竞争使得各类药材的价格也有所降低，咸丰年间，在湘潭槟榔一斤约可卖300文，到武汉能卖到一两银子，到江浙又翻了一番，运到京城已经是四两银子一斤了，利润巨大。[33]

槟榔是岭南出产的重要的药材，而湘潭又是湘江水道沿线重要的药材商埠，自然免不了有大量的槟榔在湘潭集散。在中国传统的水运商业格局中，沟通岭南和江南物产，使得南方物产得以北上，而北方物产得以南下的，主要有两条水运商路，如表4-1所示。

以槟榔为例，从琼州起运以后，可以到合浦或者广州，然后转内河航运。在岭南地区，由合浦登陆的货物走南流江，过博

表 4-1　槟榔内河贸易北上路线列表 [34]

北	西线	东线
↑	入汉水北上	入京杭大运河北上
	武昌	镇江
	岳州（可入长江水道转东线）	江宁
	长沙	安庆
	湘潭	九江（可入长江水道转西线）
	衡州	南昌
	永州	吉安
	桂林	赣州
	梧州（可入西江水道转东线）	韶州
↓	廉州	广州（可入西江水道转西线）
南	琼州起运	

白、玉林，转入北流江，过容县、藤县，抵达梧州。在广州登陆的货物走珠江水道，在三水分为两股，一股入北江北上，另一股入西江可达梧州，可以在广州和梧州之间均输。在一般情况下，无论走东线还是西线，都以广州起运的货物为多。

梧州是湘桂水运的起点，从梧州入桂江—漓江水道，可以抵达桂林，然后在桂林北部入灵渠，转入湘江水道。湘江水道沿岸商埠有零陵、衡阳、湘潭、长沙、岳阳，过岳阳以后进入长江水道，可以很方便地抵达武昌，到达武昌的南方货物可以从汉口入汉水，再经汉水进入北方的河南、陕西。

广州是粤赣水运的起点，从广州到三水，入北江水道，经清远英德、韶关南雄，在南雄过梅岭便是江西大余县。从大余县开始进入章水—赣江水道，过赣州、吉安、南昌，便可经鄱阳湖进入长江水道，这条线路可以很方便地到达长江下游的安庆、芜湖、江宁，乃至江宁以东繁华富庶的苏南浙北地区；过江宁、扬州以后，也可以走京杭大运河，抵达山东、北直隶。

南方水运贸易商路的东西两条线各有优势，纯以地理形势来说，距离长江中下游各重要商埠的路途，西线比东线要稍远一些。不过西线有灵渠沟通湘江和漓江水道，全程可以走水路，转运更加方便一些；东线在南雄和大余之间有一段跨越梅岭的陆路运输，因此运输成本略高于西线。另外由于长江水流湍急，逆流而上需要动用大量的人力驱动船只，因此东线一般只用于长江自九江而下的商埠贸易，西线则可以照顾到自岳阳而下的商埠。

在宋代以前，中国北方的政治经济中心偏于西部，即以洛阳和长安为北方政治和经济上的核心地带，湘江—长江—汉水的转运线路更方便，因此南方的商业运输线路也以西线（湘桂）更为兴旺。在金人入侵、北宋瓦解以后，南宋的政治和经济重心整体转移到长江中下游地区，因此赣江—长江—京杭大运河的东线（粤赣）贸易更为繁盛，在南宋一朝，江南西路商贾繁盛、人才辈出，江州（九江）、隆兴（南昌）、吉州（吉安）、赣州这些水运贸易线路的沿线商埠都取得了极大的发展。到了元明清三代，中国北部的经济中心已经整体向东迁移，从原来的长安—洛阳一线变成了北京—南京一线，因此离京杭大运河更近的东线就更为商贾所重视；湘潭的商贾之中以江西人为多，其原因正在于江西赣江流域持久的繁盛富庶。江西商业的繁荣也带动了文化的昌明，自宋代以来，江西的书院在整个长江以南名气极大，著名的庐山白鹿洞书院、吉安白鹭洲书院、铅山鹅湖书院、南昌豫章书院皆在东线商路附近，江西文化对中国儒家文化后期的发展影响深远。这里所说的东线西线之间的对比，只是相对而言，自唐末以来，南方——无论东西——在经济和文化上都极大地进步了，以至于超越了北方；因此从全中国的形势上来看，南方的东西两条水运贸易线路都是蓬勃发展的。

湘桂水道和粤赣水道双线并重的局面一直持续到鸦片战争前夕。在广州一口通商的时代，景德镇附近出产的瓷器、武夷山区生产的茶叶，都要经过粤赣水道输送到广州，沿着这条重要的商道，有十余万的挑夫、纤夫等苦力仰赖络绎不绝的货运维生，当然沿途也有数量不少的盗匪靠着抢掠商旅取得横财。然而第一次鸦片战争以后，随着《南京条约》的签订，五口通商的新格局出现，粤赣水道的货运规模已经大为衰减，导致沿途相关职业的近 30 万民众失业，并间接导致在粤闽赣三省交界处的客家社会出现了极度动荡不安的局面。

清末的太平天国战争彻底改变了南方两条水运贸易线路并举的局面。太平军和清军反复拉锯蹂躏的地区主要是江西北部、安徽南部，因此战争期间，东线的贸易几乎完全不能正常进行，造成了水运贸易东线的全面衰败，也促成了西线的空前繁荣，湖南湘江的沿线商埠呈现出对江西赣江沿线商埠的全面超越。大约在太平天国战争末期，中国留学生先驱、广东香山人容闳在长江下游地区考察茶叶产地，基于这次考察经历，他在《西学东渐记》中写道："凡外国运来货物，至广东上岸后，必先集湘潭，由湘潭再分运至内地。"[35] 自此，途经江西的贸易线路再也没能复兴，而湖南也成为太平天国战争中间接的最大得益者。

第二次鸦片战争以后，洋行和沿海贸易的洋船开始替代中国传统的内河水运商船，到了19世纪末，洋船更是深入内河航道，成为贸易中的主导力量。水运贸易东线在太平天国战争结束以后未能复兴，主要就是由于更靠东的海运以及对外通商口岸的兴起。其实19世纪中后期洋行和洋船对本土传统的内河水运商船的替代，并不只限于东线，西线同样也受到了严重的影响，只是由于东线先遭到太平天国战争的摧残，凋零得更早一些，损失更严重一些。以至于后来清末民初时期修建贯通中国南北的铁路时，因湖南经济更为发达而选择了经过湖南的粤汉线，使得江西在几乎整个20世纪成为中国东南部经济上的一块洼地。

现在我们再将焦点放到槟榔上来。

光绪十五年（公元1889年）的《湘潭县志·卷十一·货殖》中指出："广商则银朱、葵扇、槟榔为大家，日剖数十口，店行倍莋*焉……率五步一桌子卖之，合面相向，计每桌日得百钱之利。日当糜钱五六百万，如此岁费钱二百余万万，而百谷总集易俗场者才略相等。"[36]

这里的表述除了说明嚼食槟榔已经在湘潭非常流行以外，这句"百谷总集易俗场者才略相等"还透露出一个关键的信息，即湘潭在1889年已经不是一个大型贸易商埠了，而转变成了一个专精于药材市场的专门型商埠。槟榔作为一种药材和嗜好品，

---

* 莋，音总，言草细密之状，此处指店铺小而密集。

在一个大型的综合商埠中，再怎么大量交易，金额也不可能超过大宗的谷物交易。唯一的可能性就是湘潭这时候已经较少进行谷物交易了，大宗的谷物交易已经转移到了长沙、汉口等对外通商口岸。这个信息反映了在洋船、洋行全面替代本土行商的背景下，槟榔因作为药材和嗜好品，价值比较高，并且在运输费用上不如谷物类那样的大宗商品敏感，所以仍然能够在传统的、以中国行商为主的商埠进行交易。

1818年编成的《湘潭县志》第一次出现了湘潭人在宴席中备陈槟榔和烟叶的记载，而1889年的《湘潭县志》则记载槟榔的贸易总额与"百谷总集易俗场者才略相等"。对比嘉庆和光绪年间的《湘潭县志》两处记载，我们可以明确得知，嚼食槟榔习俗在湘潭大盛于1818年至1889年之间。那么，在这70年间，湘潭人是怎样开始嚼食槟榔的呢？

光绪十五年《湘潭县志·卷四下·山水》中提到，"近岁左文襄赘居妇家，有槟榔之恨；及后富贵，更为美谈"[37]。这里说的是左宗棠在道光十二年（1832年）入赘其妻周诒端家的事情，周诒端本人与家中众兄弟姐妹，及其母王慈云皆擅长作诗，周母在家中进行作诗比赛，以槟榔为奖赏。左宗棠的诗作总是不及周家诸人，得不到槟榔之赏，故而有"槟榔之恨"。可见当时湘潭人普遍嗜好槟榔，但槟榔却并不是易得之物。以周家之富庶，尚且以槟榔为赏贤的珍品，可见槟榔价值不低。

正如金观涛、刘青峰在《兴盛与危机——论中国封建社会的超稳定结构》一书中揭示的那样，中国封建社会在没有外部刺激的情况下，是一种相当稳定而平衡的结构。[38] 在这种超稳定结构中，任何文化习俗上的改变都会激起其敏感的应激反应，正如 1818 年《湘潭县志》的编撰者针对湘潭人宴席中出现了槟榔和烟叶而产生的对社会风气转向虚华浮靡的强烈感叹那样。湖南中部为传统的稻作区，重本轻末，也就是重农抑商的文化传统很深厚，因此崇尚俭朴的生活作风，对槟榔、烟叶这种代表奢侈的嗜好品有强烈的儒家道义上的排斥。也就是说，假如外部环境没有重大变化，社会经济结构未经重大改变，湘潭的文化习俗应是相对稳定的，很难出现嚼食槟榔习俗的盛行。换言之，也就是在 1818 年至 1889 年间，湘潭的内外环境都发生了重大的变化，从而使得文化习俗的改变有了突破的窗口期。

传统的湘潭士大夫对于突然兴起的嚼食槟榔习俗，自然是很看不过眼的，认为这是堕落奢靡的不正之风，需要加以禁止。其中最有代表性的是罗汝怀*，他在《绿漪草堂文集·卷二十二·禽人书二》中说："日用之槟榔丝烟，千人所同，一人能弗同乎？即一人弗同，亦独善其身而已，无如千人何也？故整齐风俗之事，非可望之官吏，直须朝廷之汗号。"另外，他在《绿漪草堂文集·卷十七·书刘次欧代义山会叙后》中有记一则戒除槟榔的逸闻："湘潭锦湾对岸有小市，从兄世果侨米其地，与同人约

---

* 罗汝怀（1804—1880），湖南湘潭人。博通经史，擅长训诂学，著述甚多，有《周易训诂大谊》《禹贡义案》《毛诗古音疏证》《〈汉书·沟洫志〉补注》《古今水道表》《十三经字原》《六书统考》《绿漪草堂文集》《绿漪草堂诗集》《研华馆词》等刊行于世。

省槟榔以周贫者。家置一筒，客来则主人投一钱于筒中，月计岁会，如周恤事急则不待会计，先倾各户之筒以济之。"文中从事盘谷舂米的小伙子与朋友们约好，将平常食槟榔的花费省下来，用以接济穷人，所以遇见应以槟榔待客之时，他们也将所需开销放入筒中，作为节约下的救济金，倘若遇上较急之事，就先将各家筒中铜钱倒出救急。"盖潭人之于槟榔，虽孩童时，用咀嚼。尝闻之，人云其壮盛时日需百钱，而一家终岁之费常在二三十缗，不亦倛乎。始捐嗜好以行义，继则藉行义以损嗜好，其为作用大矣。"³⁹罗汝怀不单提倡戒除烟丝、槟榔，甚至还呼吁禁止酿酒，他认为酿酒会虚耗粮食。他的思想中有很明确的重农轻商倾向，在清末湘潭商业蓬勃发展的大背景下，实在是显得很不合时宜。

正如前文提到的，太平天国战争使湘潭获得了重要的贸易机会。1852年6月，太平军从广西全州突围北上进入湖南，在湘南连克数县，军力大幅增长。清军判断太平军会经衡阳北上，因此将主力部署于衡阳、郴州一线，造成湘中和湘北的防务空虚。同年9月，太平军间道奔袭长沙，历经三个月的围攻仍然不克长沙，于是在12月撤围北上攻克岳阳，在1853年1月攻克武昌，继而顺江东下，攻克江宁而建政。因此在整个太平天国战争期间，太平军只于1852年的下半年在湖南省内大范围作战，湖南受到的战争破坏并不是很大。自1853年至1863年间，太平军与湘军对峙的重点地区大约在九江至安庆一线的长江两岸，双方反复拉锯交战，造成重大生命财产损失，除此之外，此地商民还遭受横征暴敛，因此这一带所受到的破坏极大。

太平天国战争导致沿赣江的水运贸易线路全面衰败，却促成了沿湘江贸易的繁荣和沿海贸易的兴盛。岭南槟榔北运的路线，从原本的东西双线并行，改为只有西线一路转运。这样一来，在湘潭中转贸易的槟榔数量大幅度增加，湘潭由此成为南北槟榔转运集散地。

不过，好景不长，湘潭作为槟榔转运集散地的地位很快就被打破了，这一次导致贸易路线变化的主要力量不是"家贼"，而是"外盗"。1858年《天津条约》中规定，增开牛庄（后改营口）、登州（后改烟台）、台湾（台南）、潮州（后改汕头）、淡水、琼州、汉口、九江、南京、镇江为通商口岸。《天津条约》给中国传统的槟榔货运商行带来了致命一击，因为海南和台湾两地开放了三处通商口岸——台南、淡水、琼州，而长江货运航道上两处向北方输送槟榔的重要口岸也在开放之列，即镇江和汉口，且北方在山东还开放了营口和烟台两处口岸。这样一来，从海南和台湾输出的槟榔就可以通过外国商船直达长江沿岸和北方沿海口岸，不需要经过传统的湘桂水道和粤赣水道输送。只是由于1858年《天津条约》签订之时，太平天国战争尚未结束，所以长江中下游航道尚不能畅通；到了1864年天京（今南京）陷落以后，由外洋进入长江中游的水道才被彻底打通，至此，洋船可以入长江直抵汉口。

熟悉中国近代历史的人都知道，自第一次鸦片战争起，直至抗日战争以前，外国商船在中国货运贸易中是占有绝对优势的。

这种优势主要体现在两个方面：一方面是外国商船在关税上可以获得特别优待，又可以避免被各地当权者征收各种苛捐杂税（如厘金等），还可以倚仗列强获得的领事裁判权等特权；另一方面是洋船本身的货运效率比较高，运输费用也更便宜。因此中国传统的水运行商在19世纪中后期面对外国洋行的入侵，可谓溃不成军，完全将内外贸易的主导权拱手让给了洋人。清末洋务运动时期，由李鸿章、盛宣怀等人筹办的轮船招商局，就是一次试图从洋人手中夺回贸易主导权的积极尝试。李鸿章在向清廷上奏的《试办招商轮船折》中就说道："冀为中土开此风气，渐收利权……庶使我内江外海之利不致为洋人占尽，其关系于国计民生者，实非浅鲜。"可见当时洋船、洋行已经完全占据了中国内外贸易的主导权。

洋船货运贸易和长江沿岸通商口岸的开放，给19世纪末的中国商业格局带来了翻天覆地的影响。在太平天国战争期间，湘桂水道的货运之所以尚能存续，是因为战争阻断了长江中下游航道的通行，使得海运洋船只能到上海而不能继续溯长江西上，因此湘桂水道成了南北物资转运的唯一通道，湘潭的经济贸易出现了一时的繁荣。近代有些历史学家将19世纪末期湖南经济、文化、政治各方面的空前繁荣，归功于湘军在战争中获得的政治资本和劫掠长江下游城镇获得的物质财富。然而劫掠所得只能供一时挥霍，不能持续地成就地方经济的繁荣，湖南在太平天国战争结束之后的空前繁荣，主要还应归功于战争期间湘桂水运贸易对沿途商埠的巨大经济刺激。

然而好景不长，湘潭在战争期间以及战后的小段时间里的空前繁荣，很快就被洋船贸易打破了。尤其是在1902年《中英续议通商行船条约》规定，开放长沙作为对外通商口岸之后，湘潭作为商埠的地位一落千丈。主要经湘潭转运的药材贸易，被阻断在长沙与湘潭之间。洋船贸易就像一条从长江口深入中国腹地的长蛇，将湘桂水道的贸易盘堵在湖南中南部和广西西北部的山岳腹地之中，湘桂水道的贸易地位，也从中国南北货运的要道，降格为地方性的通商水道。

　　在这样的历史背景下理解湘潭嚼食槟榔习俗的兴起，我们很容易发现，槟榔作为一种重要的南方药材，其实是由于商路的改变而被"堵"在湘潭的。在19世纪60年代以后，北方所需的槟榔可以由洋船从海南沿海路直接运往烟台、营口、天津等口岸，长江沿岸大型城市所需的槟榔也可以从海路转长江航道直达上海、汉口等埠，无须经过湘潭的转运。到了1897年，湖南开辟内河轮船航运，长沙取代湘潭成为湖南货运中心，湘潭的贸易出路被彻底堵死，"金湘潭"由此没落。

　　在1864年至1880年间，经由湘桂水道运抵湘潭的槟榔，可能比从海路由海南或台湾运输到汉口的槟榔价格高出数倍。如果以湘潭为转运基地的药材商人仍继续将这些已经积压在湘潭的槟榔按原贸易路线发往汉口，那么从湘潭到汉口的内河运输费用，再加上汉口可能更为低廉的槟榔价格，会使得商人亏损更大。因此，唯有将已经抵达湘潭或在湘潭囤积已久的槟榔以低价大量出售，才是及时止损的最好办法。

这时候，商人正好能够遇上持币待购的买主。1864年，太平天国战争结束，曾国藩急于向北京朝廷证明自己的忠诚，没有拥兵自重的打算，于是迅速地以较为优厚的待遇解散了主要来自湖南中部地区的湘军兵员。这些退伍湘军士兵，一方面从战争中积累了不少劫掠品，另一方面也从曾国藩手上领到了不少的遣散资财。他们返程的主要路径便是沿长江西上，转入湘江，经由湘潭等码头回到各自的故乡。这些人手上颇有闲钱，急于向家乡父老一显阔气的派头，于是就出现了前文中提到过的风气的转变——由原本质朴节俭的农家本色，迅速地转向重视享受和消费。

湘潭地区嚼食槟榔的习惯，很有可能就是这两股力量——积压了槟榔的商人和持币待购的退伍士兵——共同推动而形成的。这种假设，能够比较合理地解释从1818年到1889年的《湘潭县志》中的两种记载，即槟榔从一种豪奢的、罕见的嗜好品，到一种普遍的流行物品之间的转变。另外，由于商人的抛售行为，湘潭槟榔也由高价的嗜好品转变为一般民众都能消费得起的日常零食。

进入20世纪以后，湘潭在贸易上的地位逐渐衰落，但长期的槟榔消费习惯使得湘潭的槟榔加工技艺独步湘中。槟榔的运输路线改从海南转上海进入长江，由英商太古轮船运至长沙，部分槟榔干再运到湘潭加工成槟榔食品，因此槟榔在当时逐渐成了长沙进口的大宗货物之一（见表4-2）。

表 4-2　长沙在 1905 年、1913 年、1918 年进口的大宗外货商品[40]

货品 \ 年份	1905		1913		1918	
	重量 / 磅	货值 / 圆	重量 / 磅	货值 / 圆	重量 / 磅	货值 / 圆
槟榔	104 933	2 528	92 267	2 374	338 240	14 639
海参	94 400	15 790	142 667	21 309	105 280	29 860
红糖	688 267	15 073	2 997 600	66 305	2 365 440	87 199

在整个民国时期，虽然湘潭历经战乱，但槟榔产业始终保持稳定，到了 1949 年，湘潭有槟榔店铺 36 家，年销售槟榔 300~400 吨。[41]

长江中下游重要商埠地区的人们普遍都有嚼食槟榔的习惯，正如"槟榔与情爱"一节提到过《儒林外史》中有一段汤六爷在南京逛妓院、嚼槟榔的故事。青少年时期多数时间在湖北武昌居住的清朝遗老陈曾寿（籍贯湖北浠水）也很喜欢吃槟榔，他在诗作《觉先弟自京寄槟榔来诗以报之》中是这样说的："我生嗜槟榔，日用论斤夥。了无羊踏园，空用敌饭颗。"他在这首诗的尾注中还说："前年武昌之变，余到汉口，或问所需，乃索槟榔一包。或笑曰：'此时正忧无食，岂需此乎。'余亦自失笑。"[42] 这里因为活用了刘穆之"一斛槟榔"的典故，故而"余亦自失笑"。陈曾寿吃嚼槟榔"日用论斤"，可谓槟榔瘾极重了，综合他的生平考量，他嚼槟榔的习惯极有可能是在武昌养成的。陈曾寿的家庭是官宦世家，可见居住在武昌的达官贵人也有嚼食槟榔的习惯。辛亥革命以后，陈曾寿在杭州隐居。也许是因为革命以后江南的嚼食槟榔习俗也一并受到了影响，杭州已经不好买到槟椰了，陈曾寿的弟子特地从北京给他寄来一包槟榔。由此笔者也推测，辛亥革命可能是长江中下游嚼食槟榔习俗变化的一个转折点。

以笔者阅览的各类关于槟榔的文献总论来看，长江中下游重要商埠中嚼食槟榔的多为官员或商人，并不见关于一般民众嚼食槟榔的记载，因此嚼食槟榔可能只限于社会中有钱有权的阶层。辛亥革命以后，无论是原来的官员还是传统的中国商人，都很难维持以往的生活质量，这也就导致嚼食槟榔的习俗在长江中下游城市中逐渐消失。官员的情况很容易理解，这是新旧政权鼎革而导致的，商人的变故则主要是由于洋商对长江航道的入侵和对贸易的垄断。19世纪后半叶，中国的商界发生了一次"大换血"事件，中国传统的经由内河航道输送货物的商贾，让位于洋船、洋商和洋行，新兴商人并没有沿袭过去传统中国商人在饭后嚼食槟榔的习惯，而是几近全盘学习洋商的生活，包括吃洋食、喝洋酒、吸洋烟，于是嚼食槟榔的习惯也就逐渐淡出商人的日常生活，这一点我们从上海近代兴起的商人俱乐部、别墅的生活情趣中就可以窥见一斑。

第四节　从岭南槟榔到湘潭槟榔

槟榔在其原生地岭南地区的嚼食方法与在其他南岛语族分布地区的并无显著不同，它在这些地区民俗文化中的地位也是近似的，都是婚礼和待客所用之物。槟榔从岭南到湘潭，发生了两个维度上的变化。

第一种变化是食用方法上的改变，最显而易见的就是从鲜食的槟榔转变为经过熏制、耐储存的干槟榔。这种变化并不是一蹴而就的，而是经过一段较长的历史，逐渐演进成我们今日所普遍见到的湘潭槟榔形态的。

第二种变化是槟榔所承载的民俗意义的变化。虽然在湘潭乃至湖南其他诸多地方，槟榔仍旧在婚礼和待客礼仪中扮演着颇为重要的角色，与原先在岭南的民俗意义一脉相承，但是槟榔在湘潭的地方文化中也派生出许多新的文化含义，诸如湘潭有许多关于嚼食槟榔起源的民间传说，以及湘潭人在长期传承嚼食槟榔习俗以后赋予槟榔的叠加文化意义。

我们先从第一种变化上来看看从岭南到湘潭，槟榔在食用方法上发生的演变。

最早记载嚼食用的"法制槟榔"的文献是一本名为《竹屿山房杂部》的书，这部书成书于明代正德年间，作者是宋诩和宋公望。宋诩字久夫，是华亭（今上海松江）人，大约活跃于明弘治、正德年间，他与儿子宋公望共同撰写的《竹屿山房杂部》记载了许多食材和菜肴的历史沿革、养生作用、详细制法，内容包括酒、茶、小吃、果品、蔬品、河海鲜、家畜、禽类、野味等。《竹屿山房杂部·卷六·杂造制》中有"法制槟榔"条目：

> 槟榔，鸡心者一两切作细块，缩砂仁一两，白豆蔻仁一两，丁香切作细条一两，粉甘草切细块一两，橘皮去白切作

细条八两，生姜切作细条八两，盐二两，右件用河水两碗，浸一宿，次日用慢火于银石器中煮干，焙干，入瓷瓶收，每用细嚼，治酒食过度，胸膈膨满，口吐清水，一切积聚。今南粤有瘴气，以槟榔杂扶留藤瓦屋子灰食之。[43]

这里说到的鸡心槟榔，应该是干燥的槟榔，且用量只有一两，与辅料砂仁、豆蔻、丁香、甘草用量相等，反倒是橘皮和生姜皆有八两之多，且放入二两盐，口味极咸。这样一来槟榔的味道可能就比较淡薄了。虽然笔者并没有吃过这样的"法制槟榔"，不过想来味道大约和今天岭南市面上常见的盐渍橄榄、法制陈皮差不多。

根据《竹屿山房杂部》记载的"浸一宿""煮干""焙干"等处理程序，我们可以得知明代江南地区的槟榔处理流程大致如下：

干槟榔 → 加香料泡发 → 煮干水分 → 焙干成块

而现代湘潭制"青果槟榔"的流程是：

干槟榔 → 加香料泡发 → 晾干 → 上表香 → 分切去核 → 点卤

现代湘潭制"烟果槟榔"（见彩图 10）的流程是：

熏干槟榔 → 加香料泡发 → 晾干 → 上表香 → 分切去核 → 点卤

从《粤海关志》的记载中我们可以得知，19世纪末从海南输送到内地的槟榔只有榔青、榔玉、榔咸和榔干四种，其中以榔咸为多，并没有熏制的槟榔。笔者在海南万宁进行田野调查之后得知，熏制槟榔的工艺其实来自湘潭，在20世纪90年代湘潭槟榔采购成为市场主力以后，海南人才开始采用这种方法处理新鲜槟榔，现在基本以机器烘干取代传统的柴火烘烤。原来海南处置槟榔鲜果的传统方式基本就两种，榔干是煮后晾干，榔咸是直接加盐渍，然后在盐的作用下渖出水分。榔咸由于没有经过加热的工序，因而保存的槟榔碱成分比较多，劲头也更足，不过缺点也很明显，即咸味会破坏槟榔的原味，但若加盐不足，又达不到保存的目的。

湘潭槟榔曾经有很长一段时间是榔咸的形式，1934年记者陈赓雅在《赣皖湘鄂视察记》中写道："湘潭尤嗜槟榔。槟榔系以粤产草果子之皮，久浸于石灰水中，外微加以五香糖质等，然后以烟熏干，其色漆黑，人皆喜食之。故途中所遇之人，莫不口中嚼嚼有物，其渣吐地，触目皆是。其实槟榔之味，咸辣无比，不易进口，但该处土人称，有嗜癖者，无此物则牙痒多痰，食物且难消化云。"[44]

根据陈赓雅的记载，这里用的槟榔应该是榔咸，要不然怎么会"咸辣无比"。从他的记载来看，当时湘潭槟榔的制作流程应该是：

$$盐渍槟榔 \rightarrow 加香料泡发 \rightarrow 晾干 \rightarrow 上表香 \rightarrow 烟熏$$

这里的上表香应该是指上桂子油，桂子油就是采用蒸馏法从肉桂树皮、肉桂树叶中提取出来的精油，又称肉桂精油，有很突出的辛辣味，可以起到替代同样有辛辣味的蒌叶的作用。当代也有这种制法的槟榔贩售，笔者在 2020 年 3 月买过一些，桂子油槟榔（见彩图 11）可能是湘潭槟榔较为原始的形态。

当代的桂子油槟榔已经不用盐渍槟榔制作了，其制法流程如下：

$$干槟榔 \rightarrow 加香料泡发 \rightarrow 晾干 \rightarrow 上表香$$

又联系屈大均在《广东新语》中的记载，珠三角地区的人吃槟榔以盐渍槟榔为多，那么湘潭槟榔在早期其实是承继了岭南槟榔的传统的。烟熏食物的传统在我国流行于长江中上游流域的阴湿地区，这些地方空气湿度很大，阳光直射较少，惯用熏制的方法贮存各类食材，久而久之形成了喜好烟熏风味的饮食文化传统。广东、海南的沿海地区阳光猛烈，通常直接晒干食物即可保存，极少用烟熏的方法。其实这种情况不仅限于我国，根据列维-斯特劳斯的调查可知，北美印第安人部落中，烟熏肉与风干/晒干肉的分野[45]大致与柯本气候分类法中干旱带和温暖带的分布一致，可见人们对烟熏食物的喜好首先是受到气候条件的制约而形成的。但喜好烟熏食物独特风味的饮食文化传统，可以脱离保存食物的功能性目的而单独存在。根据陈赓雅的记载可知，当时湘潭槟榔烟熏的工序在加香料泡发、晾干和上表香之后，这明显是为了增添当地居民所嗜好的烟熏风味，保存的作用反而是次要的。

从陈赓雅的记载来看，当时的湘潭槟榔已经开始有类似点卤的工序——"外微加以五香糖质等"，可见点卤以及额外加入其他糖类和香料的工序大致是在 20 世纪 30 年代以后开始兴起的，因此也是湘潭人独创的一种加工工艺。

综合来看，泡发的工序在《竹屿山房杂部》中就有记载，所以其源流应该相当久远，具体的起源时间虽然难以确定，但笔者认为该工序可能伴随着干槟榔和盐渍槟榔的行销便已经普及。若大胆推测，可能在南朝时期便已有泡发的工艺，因为干槟榔和盐渍槟榔都相当硬，若不加以泡发则很难嚼得动。

综合以上分析，可能是湘潭人所独创的加工槟榔工艺主要有三项 *。

第一项是上表香，一般是加入石灰和桂子油，现在也有加入其他香料的，不过多少都有石灰和桂子油的成分。肉桂的芳香物

---

* 此处说"可能"，主要是不能完全确定"上表香"一项工艺是否为湘潭人所独创。在不方便取得蒌叶的地区，人们可能采取过很多方法来替代蒌叶和石灰与槟榔的搭配，到清中后期逐渐确定以桂子油佐食槟榔为最普遍。后两项工艺可以确定是由湘潭人独创的。

质和气味与蒌叶很接近，因此这是一种替代蒌叶的做法，湘潭人在加工槟榔时仍会加入石灰，不过量比较少，能够改善大量石灰带来的烧嘴感受。屈大均在《广东新语》中说："若夫灰少则涩、叶多则辣，故贵酌其中。"[46] 湘潭槟榔其实也是一样，石灰少容易发涩，桂子油多则会辣嘴，上表香的关键就在于调和两者之间的平衡点。

第二项是烟熏，原本是在泡发槟榔以后熏制，现在则提前到新鲜槟榔的第一道保存工序。当代采摘新鲜槟榔以后，一般在原产地有两种加工方式，一种是煮后晒干，另一种是直接烘干；传统的盐渍保存方法已经完全消失了。

第三项是点卤，卤水的种类非常多，可能有数百种之多，大多数卤水配方中都有糖类物质，因此这是一种后期改善口感的工艺。湘潭人非常善于发挥巧思对槟榔进行"零食化"的改造，发明了"玫瑰槟榔""芝麻槟榔""枸杞槟榔"等适口的槟榔品类。"玫瑰槟榔"是在卤水中加入玫瑰露；"芝麻槟榔"是将槟榔略刷糖浆，缀满芝麻；"枸杞槟榔"是在槟榔芯的位置点上枸杞。

这三项工艺加入槟榔制作工序的时间是不同的，其中以"上表香"最早，因为它本来就是为了替代蒌叶的作用而存在的，很可能在湘潭普遍流行嚼食槟榔以后就出现了。新鲜的蒌叶很难运输，以桂子油替代蒌叶（大约在 19 世纪后半叶）能够使消费槟榔的成本大幅度降低。同期的广东（含海南）、福建（含台湾）文献都没有记载过加入桂子油的槟榔吃法，因为蒌叶在这些地方都很易得，没有必要找替代品。"烟熏"也是很早就加入的工艺，这种工艺可能在 19 世纪末就已经加入湘潭槟榔的制作流程，这是为了给槟榔增添本地民众所喜好的地方风味。"点卤"大约是在 20 世纪三四十年代加入的湘潭槟榔制作工艺，这种做法能够大幅改善槟榔入口的感受，对初次食用者很友好，因此有助于扩大槟榔的消费群体。

从岭南槟榔到湘潭槟榔的变化过程中，这三项工艺出现的顺序和内涵，其实也代表着一种食物在"本地化"过程中的三个步骤。第一步是以桂子油替代蒌叶"上表香"，从而大幅度降低了消费槟榔的成本，这是以容易取得的材料置换不易获得的辅料，是为本地化的第一步——"替代"。第二步是加入烟熏的工艺，使槟榔具备本地人所喜好的特殊风味，这是一种"嵌入"的适应策略，进一步固化嚼食槟榔习俗在湘潭的地位。第三步是增加"点卤"的工艺，使其更加适口，容易为人所接受，这是一种"扩展"的策略，使湘潭槟榔具有更广泛的消费者群体。

"替代—嵌入—扩展"，这种食物本地化的三步策略，其实并不是出于任何有预谋的主观安排，而是经过时间的筛选，客观发生的食物本地化规律。这种规律其实不仅仅体现在湘潭槟榔上，在其他许多食物上，我们也可以依稀看到这样的规律。

美式中餐在演变历程中，其实也发生了类似的变化。以现代美式中餐常见的"炒杂碎"（Chop Suey）为例，我们可以发现，首先是以西方人所能接受的鸡肉块、牛肉块替代了原本中式什锦合炒所常见的内脏和黑木耳；然后是加入了更多的糖、更浓稠的酱汁，使肉块嵌入西方饮食常见的酱汁口味中；最后在合炒之前加入裹粉炸肉的工序，增加食物香脆的口感，容易被更多人所接受。其他类似的例子还有很多，只不过有些食物在本地化的过程中不一定严格地按照时间顺序走完这些步骤，或者有些步骤发生得并不是特别明显罢了。

以上分析了"物理"上的湘潭槟榔的本地化，下面再来讨论"文化"上湘潭槟榔是怎样成为地方民俗的一部分的。

湘潭民间关于嚼食槟榔习俗的起源存在着多种传说，然而同样有嚼食槟榔习俗的海南却少有这类传说。这些传说的产生和流传本身也隐喻着地方文化对于嚼食槟榔习俗的心态。海南存在嚼食槟榔的习俗似乎是"无须解释"的事情，此地一贯产槟榔，此地人也一贯嚼食槟榔，再合理不过。湘潭则是此地不产槟榔，但此地人却有嚼食槟榔的习俗，且这种习俗在正史记载中并没有权威的解释，因此民间传说便有了产生的必要。

笔者的导师周大鸣教授与李静玮博士合撰的《地方社会孕育的习俗传说——以明清湘潭食槟榔起源故事为例》一文中，已经将湘潭槟榔起源的传说整理和论述得相当完备，笔者自度难以有所增益，经原作者允可，择要摘录如下。

湘潭关于嚼食槟榔习俗起源有四种类型的传说。

第一类说法是流传最广、记载最多的战乱瘟疫说，此说有三个版本。以时间序，第一个版本说顺治元年（公元1644年）清兵于湘潭大肆屠杀，持续十余日，尸横遍城，不下十万，后"有老僧收白骨，以嚼槟榔避秽"。第二个版本说顺治六年（公元

1649年）南明在湖南溃败，清军占领湘潭后屠城，一老和尚将口嚼槟榔避疫之法教给一位来自安徽的程姓商人，商人依此法在城中收尸，而后于湘潭安家，也将嚼槟榔习俗延续下来。第三个版本说乾隆四十四年（公元1779年），"居民患臌胀病。县令白璟将药用槟榔劝患者嚼之，臌胀消失。尔后嚼之者众，旧而成习"[47]。

第二类说法是药材市场说，时间也是清代，但没有具体的年份。药材市场说认为，湘潭嚼食槟榔的习俗来自药商。湘潭药材行市始于明末清初，有300多年历史，湘潭位于湖南中部，东可通浙江、江西、福建，南达广西、广东，西至云南、贵州、四川，北边通往河南、湖北、河北、山东等地区，各种药材通过各层中介转手，源源不断地运至湘潭。

第三类说法是风水说，据传一个风水先生来湖南看风水，到了湘潭，他说湘潭是牛地，而湘乡是马地。话传到皇帝那边，皇帝说湘潭既然是牛地，而牛又爱嚼槟榔，便传赐槟榔给湘潭人。而居住在"牛地"的人们果然十分喜爱这种食物。这类说法认为槟榔食俗是湘潭一带的风水所致。由于风水说对年代和人物语焉不详，因此具体时间难以考证，另外，皇帝如何得知风水先生的话，那位风水先生的话又为何对其有如此大的影响力，同样难于推敲。

第四类说法是情爱说，一位来自湖南的官员被贬至海南万宁，由于情绪低落，他常在槟榔林中徘徊，借酒消愁。一日，他在林中遇到槟榔仙化作的美貌女子，遂结为夫妻。后来，这位官员调任湘潭，时逢瘟疫，槟榔仙发挥法力，将具有神力的槟榔果赠予当地民众，食槟榔者无一患病。因此，湘潭人得以借槟榔仙的神力渡过劫难。数年后，官员在官场上平步青云，而其妻槟榔仙诞下的儿子也学有所成，一举高中状元，在湘潭当地传为佳话。[48]

关于湘潭嚼食槟榔习俗起源的四类传说，事实上都起到了固化这种习俗的效用，这一点我们单从文化唯物论的角度——如马文·哈里斯提出的"世界上食谱的主要差异可以归结为生态的限制以及在不同地区所存在的机会"——是解释不通的，因为槟榔既非湘潭本地所产，又不是必需的食物。湘潭儒生罗汝怀认为嚼食槟榔一无是处，需要加以禁止，然而禁绝槟榔对于当时的湘潭社会来说也是不可能的。因为晚清时期，湘潭社会的经济结构已经发生了重大转变，当地所处的经济社会环境不再以传统的农业经济为主导，商业经济即使不说超越，至少也是与农业经济并驾齐驱的。槟榔作为一种嗜好品，对活跃商品经济、促进市场繁荣有很大的作用，正如烟草、咖啡等物也有同样巨大的商业价值。因此湘潭社会有固定和强化这种习俗的天然驱动力，这种驱动力主要来自商业经济。

据前文所述，湘潭嚼食槟榔习俗大兴于 1864 年至 1880 年之间，在此期间湘潭并未发生过大范围的瘟疫，因此嚼槟榔避疫的传说并不是历史事实，不过槟榔除瘴避疫的功效经常出现在医药书籍的记载中，嚼槟榔避疫传说的创始者一定非常熟悉医书，而且对历史也十分了解，我们可以大胆推测一下，这种传说或许始于药房老板——这也不是不可能的。

战乱瘟疫说（嚼槟榔避疫传说）中的两种说法，顺治六年清兵屠城说和乾隆四十四年大疫说，都大大前推了湘潭嚼食槟榔习俗的起源时间，且把嚼食槟榔习俗与当地的重要历史记忆联系在一起，这种做法能够大大强化槟榔在湘潭社会历史文化中的本地属性。

避疫传说把嚼食槟榔和健康卫生问题联系在一起，能够极大地强化这种习俗的"正当性"，一旦这种习俗遭遇"虚耗金钱"的质疑时，这种避疫的正当性就能够派上大用场。同时，避疫的正当性还有助于迅速扩大槟榔的食用人群范围。

药材市场说是一种非常贴近史实的说法，湘潭的嚼食槟榔之风兴起，与此地大量的槟榔过境贸易有必然的联系。

风水说强调了湘潭作为牛地，其居民嚼食槟榔的"必然性"，这种看似有些宿命论的传说，其实也很能起到固化习俗的作用。嚼食槟榔既然是不可改变的宿命，那又何必去违逆天地之道呢？

情爱说（槟榔仙之说）明显套用了岭南婚俗中槟榔的礼俗意义，但这个传说把原本与湘潭并无关联的槟榔婚俗套用在了一个湘潭籍官员身上，借此把岭南的槟榔婚俗嫁接到了湘潭人的日常生活礼俗当中，也是一种强化本地联系的文化叙事。

前文所列举的四类传说，以及湘潭其他各类关于槟榔的故事，无一例外地起到了强化槟榔与湘潭本地社会联系的作用，使得槟榔这种外来的嗜好品，能够"严丝合缝"地融入湘潭的本地社会文化中，成为本地叙事的一部分，也固化了嚼食槟榔的习俗。民间传说往往与历史事实有很大的出入，但这并不意味着民间传说是没有价值的，相反，一个地方的文化、一地人民之性格，往往与此地流传的民间传说有很大关系。历史事实在经过百十年以后，往往很难还原，民间传说却可以代代相传至今，持续地创造出一种地方文化的情境。历史事实是产生民间传说的基础，但民间传说是一种超然于事实之上的文化存在，以湘潭槟榔的民间传说为例，除了反映与槟榔的文化联系以外，它还反映了满汉之间民族冲突的情绪，湘潭人对本地商贸繁荣的自豪感，对儒家传统官员教化作用的推崇，以及对情爱的天然向往等情感。

第五节　走出湘潭的槟榔

19世纪末20世纪初，槟榔除了在湘潭一地成了一种普遍的嗜好品之外，在中国大陆上的其他地方却是节节败退，这逐渐使得湘潭成为大陆上唯一一处汉族嚼食槟榔习俗的传承地。但槟榔并没有就此逐渐淡出中国人的视野，湖湘文化和台湾文化强大的文化辐射效力，使得绝大多数中国人即使没有嚼食槟榔的习惯，也多多少少对此物有一定的认知。

早在20世纪40年代就有歌曲《采槟榔》风靡一时，此曲由湖南湘潭作曲家黎锦光[*]根据湖南花鼓戏双川调创作，殷忆秋

---

[*]　黎锦光（1907—1993），湖南湘潭人，著名音乐家，"黎氏八骏"排行第七，曾在上海长期从事音乐工作，著名作品有《夜来香》《采槟榔》《送我一枝玫瑰花》等。1993年病逝于上海。

作词，1940年周璇原唱，此后陆续有知名歌手翻唱。20世纪八九十年代，许多老上海流行音乐又重新进入大众的视野，这首歌便是其中之一，几代流行歌手都曾翻唱过《采槟榔》，按翻唱时间顺序，比较知名的有凤飞飞、邓丽君、高胜美、杨钰莹、宋祖英、张靓颖等。可以说是铁打的歌曲，流水的歌星。《采槟榔》的歌词大致如下：

> 高高的树上结槟榔
>
> 谁先爬上谁先尝
>
> 谁先爬上我替谁先装
>
> 少年郎采槟榔
>
> 姐姐提篮抬头望
>
> 低头又想　他又美　他又壮
>
> 谁人比他强
>
> 赶忙来叫声我的郎呀
>
> 青山好呀流水长
>
> 那太阳已残
>
> 那归鸟在唱
>
> 叫我俩赶快回家乡 *

---

* 此处所列的《采槟榔》歌词依据的是1940年周璇演唱的版本，后人翻唱版本多有改动，尤以改"姐姐"为"小妹妹"为普遍。

《采槟榔》歌曲的长盛不衰，使得几代中国人对采槟榔的劳动有着基本的认知，同时也使得槟榔这种热带作物长期存留在多数已经没有嚼食槟榔习惯的中国人的意识中。当年黎锦光创作此曲的时候，也许是受到了湘潭本地嚼食槟榔习俗的启发，然而经过他的创作，以及几代华人歌星的演绎，这首歌曲以及它所描述的采槟榔劳动和槟榔这种物品，已经变成了绝大多数中国人集体文化意识的一部分了。当我们以现代的视角重新考察这首歌曲的时候，会发现这首歌曲实际上是中国多处文化的融合体：采槟榔这种行为本身，是属于海南和台湾的本地劳动；《采槟榔》的曲调，借鉴了湖南花鼓戏传统的双川调，是湖南民乐传统的一部分；歌曲中描绘的男女情爱的场景，是槟榔之物在中国文化中的符号化形象；《采槟榔》首次由周璇在上海演唱，是中国文化现代化进程中流行音乐发展的重要篇章。这些元素合在一起，共同创造了一种属于现代中国人的集体槟榔文化意识。

因此，当一个中国人看到槟榔这种物品时，不管他是否有嚼食槟榔的习惯，都不会联想起外国的事物，或者不熟悉的异域物产，而是觉得它亲切且熟悉，这种感受便是一种中国槟榔的文化之境。这里所说的"文化之境"，是袭用了皮埃尔·布迪厄的场域（field）理论，但更侧重于其中论述的社会文化属性。按照布迪厄的场域理论，构建场域的核心内容是资本和习性，放在中国槟榔的文化之境上来解释，资本是指中国历代文献中对槟榔的描述，也包括各种媒介、企业对槟榔形象的构建；而习性，是指人们与槟榔发生的各种互动关系的集合，包括个体所接触到的各类消费槟榔行为，也包括个体对槟榔的各种直接印象。个体的经验经过语言的加工，变成可以被集体传递的共同意象，经过时间的沉积，进一步规范了后来个体的经验表达，从而形成了一个较为稳定的中国槟榔的文化之境。我用"境"字而不用"场域"二字来描述这一概念，是因为我国传统文化中已有"境"字可以对应布迪厄的"场域"概念，无须另造新词，佛教用语中常有"境随心转""境由心造"等语，其"境"字之义即可通布迪厄之"场域"之义。

台湾文化对于当代中国人认知槟榔也有很大的助力。嚼食槟榔在台湾一直是很普遍的民俗，自清代至今盛行不衰，2005 年的时候，大约有 8.5% 的台湾居民（约为 116 万人）有嚼槟榔的习惯，男女比例约为 15：1，即约有 108.75 万男性和 7.25 万女性长期嚼食槟榔。台湾嚼食槟榔者集中于中南部和东部的少数民族聚居区，教育程度多为初中学历，而职业偏向则以技术性工人居多。[49] 台湾嚼食槟榔的人口自 20 世纪 90 年代起一直稳步下降，这主要缘于民众健康意识的加强，以及社会舆论持续传播槟榔有害健康的信息。

台湾由嚼食槟榔习俗而来的最突出、引发广泛关注的一种社会现象是"槟榔西施"。所谓"槟榔西施"，即穿着暴露，在路边摊位贩卖槟榔的年轻女性，是台湾所特有的现象。其实，在 20 世纪 70 年代以前，台湾贩卖槟榔的主力与大陆并无太大区别，无论是在湘潭还是在海南，经营槟榔摊的主要是中老年妇女，当年台湾也是如此。

1976 年，在台湾中潭公路双冬路段（台中与埔里之间的交通要道）上开设槟榔摊的谢母，由于生意不好，遂将原在工厂打工的三个女儿召回家中一同贩卖槟榔。谢家三姐妹接手卖槟榔以后，生意特别红火，以至于在双冬掀起一股热潮，各家纷纷效仿，以年轻女性替代原先的中老年女性贩卖槟榔。[50] 20 世纪 90 年代，台湾经济形势大好，运输行业发展很快，以男性为主的货车司机为了提神，普遍喜爱嚼食槟榔。在道路交会处及高速公路重要节点附近的槟榔摊贩多以"槟榔西施"招徕顾客，结果遂成台湾全岛的普遍惯例。"槟榔西施"的摊点以玻璃房的形式为多，路边配以耀眼的大霓虹灯箱，"槟榔西施"坐在玻璃房里包槟榔——一般分为"包叶"和"菁仔"两种类型，逢有车停下，她们便上前贩售已经包好的槟榔，顾客无须下车。"槟榔西施"往往也同时贩售香烟和饮料。"槟榔西施"通常化浓妆，穿小背心和小短裙，配上高度夸张的高跟鞋。有些"槟榔西施"还会允许顾客对其动手动脚。大多数"槟榔西施"并不会进行色情交易，但始终还是免不了在色情的边缘上游走。2002 年，台湾开始禁止穿着过于暴露的"槟榔西施"，[51] 此后"槟榔西施"几乎在台湾北部地区销声匿迹，但在中南部及东部地区仍然较为常见。2001 年，台湾上映了一部关于"槟榔西施"的电影，名为《爱你爱我》，英文名为 *Betelnut Beauty*，即"槟榔西施"之意，影片由林正盛执导，李心洁、张震等主演，槟榔嵌入台湾流行文化的程度可见一斑。

　　20 世纪 90 年代是台湾经济发展最好的时期，也是台湾槟榔消费最为鼎盛的时期。槟榔与经济景气之间似乎有一种神奇的联系，当台湾经济形势大好之时，百业兴旺，人人拼命赚钱，人人有钱花，槟榔、香烟、名酒这些嗜好品的行情也随着经济发展而水涨船高。尤其是槟榔，忙于运输货物的司机爱嚼，加班熬夜的打工族也少不了，经济形势向好也推高了人们普遍的消费欲。1990 年台湾的 GDP 高达 1 700 亿美元，当年大陆 GDP 仅为 3 609 亿美元，台湾一省区区 2 000 余万人口的生产总值，几乎达到了大陆约 11.3 亿人口生产总值的一半。[52]

经济上的优势很快转化为文化上的优势，台湾在整个 20 世纪 90 年代以及 21 世纪初的数年，对大陆的文化输出是压倒性的。台湾流行歌曲、电影、电视节目让大陆民众眼前一亮，仿佛打开了一扇新世界的大门，更兼台湾所谓"国语"与大陆普通话完全没有沟通障碍，台湾文化传播的态势一时所向披靡，广受当时大陆年轻人的喜爱。台湾的文化产品中有不少是关于台湾本地风土民俗的，嚼槟榔作为台湾的一种普遍的民俗，也经常在其中被提及，由此进入大陆许多人的视野。

台湾文化的流行虽然能够强化大陆民众对槟榔的认知，但是对槟榔这种嗜好品的流行并没有多大的帮助，也就是说，虽然大家能够从台湾流行文化中不时接收到关于槟榔的信息，但一般不会转化为嚼食槟榔的行为。其中一个重要原因是台湾槟榔的消费形态是鲜果，新鲜的蒌叶和槟榔极难保存，受到很强的地域限制。笔者进行了多次调查，只在广东省东莞市台资企业聚集的地方见到了售卖台湾槟榔的商店，而且价格还比较高昂，除了有嚼食新鲜槟榔习惯的台湾人和海南人以外，其他地方的人一般很难接受这种形态的槟榔。海南的槟榔市场同样受到地域限制，在海南以外的地方，只有临近海南的广东雷州半岛和广西北海附近偶尔有一些售卖海南新鲜槟榔的摊贩，再往北去，海南新鲜槟榔就完全绝迹了。另一个很重要的原因是，海南和台湾传统的槟榔加工方式以一家一户的家庭作坊式为主，经销商多为当地农民，并没有成规模的企业从事槟榔销售，而鲜槟榔的售卖方式也决定了不可能出现大型的槟榔企业；小摊贩没有开拓市场的资本和计划，也不可能负担得起大批量仓储和运输新鲜槟榔的成本，从而导致新鲜槟榔注定只能在产地附近流行，不具有扩散的潜力。

　　湘潭的干制槟榔是具备市场扩张潜力的，其风味相较新鲜槟榔来说更容易被初食者接受，它的保质期比较长，也不需要冷链运输等高成本的物流支持。不过，湘潭槟榔最初的经营方式却与海南槟榔和台湾槟榔的经营方式很相似，也是一家一户的小摊贩经营。在清中期以后，湘潭槟榔的经营形式大约有四种，分别是字号、店铺、胪陈、摊贩。字号进行大额原材料批发；店铺从字号进货，进行加工，并为胪陈和摊贩供货。[53] 所谓胪陈，即以文言文说"逐一铺排"的意思，过去的商铺大多不展示货物，顾客先说需要什么东西，店家才从柜里把东西拿出来，胪陈大概有点像现在的货物展示架。而摊贩则是指没有固定经营场所的流动小摊。湘潭槟榔在工业化时代以前也是极具个性化的吃食，小贩会根据客人不同的年龄、性别、居住区域和品味，针对性地调制槟榔的口味，因此在改革开放初期，湘潭的大街小巷曾遍布各类打着自家名号的槟榔小摊。[54]

在相当长的时间里，湘潭槟榔扩散的潜力实际上是被"埋没"了的，小摊贩没有能力在离湘潭比较远的地方推广这种商品，也不可能投入大量的资本进行有计划的市场开拓。受限于市场运营能力，湘潭槟榔虽有扩散的潜力，但在整个20世纪里却只能屈居湘潭及其周边地区，无法向全国辐射。据笔者的老师周大鸣回忆，在20世纪六七十年代，湘潭人很难吃到槟榔，当时吃槟榔还要去找副食品公司的领导"批条子"，只有过年的时候每户才能分到一点点。因为在计划经济时代，橡胶是重要的战略物资，而槟榔只是可有可无的副食，那时海南农民纷纷砍掉槟榔树，种上橡胶树，导致槟榔供应不足。至1971年，湘潭只到货槟榔干10吨，仅及1965年的5%。[55] 改革开放以后，橡胶变得越来越无利可图，农民们纷纷又把橡胶树砍掉，种回槟榔树。20世纪的八九十年代，湘潭的槟榔生意又重新兴旺了起来，如今许多槟榔品牌就发迹于那个时代街头巷尾的槟榔小摊，比如"张新发槟榔""牛哥槟榔""龙少爷槟榔"。[56]

湘潭槟榔在湘潭地区以外的大流行始于21世纪的最初几年。湘潭槟榔走出湘潭，实际上是有两个大前提的。

第一个前提是湘潭的槟榔企业在20世纪最后10年已经完成了初步的市场竞争，形成了几个资本比较雄厚并且具有一定市场运营经验的品牌。这些槟榔企业在湘潭聚集起来的资本已经能够支撑起高昂的市场推广费用，具备走出湘潭的主体条件。

第二个前提是湖湘媒介文化在全国的传播。在21世纪最初的几年里，湖南媒体经过一系列成功的运营，大大提升了自身的影响力，成为全国瞩目的文化品牌。这就使得槟榔有机会借助湖湘媒介文化的推广而获得全国性的关注，这是湘潭槟榔走出湘潭的客体条件。

有了以上这两个前提，湘潭槟榔的全国推广在 2003 年前后便开始了。利用电视对湘潭槟榔进行广告宣传，最早始于 1997 年，湖南经视的幸运系列娱乐节目播出了"皇爷槟榔"的广告。不过由于湖南经视电视媒体仅在湖南省内落地，槟榔推广的影响力基本还局限在湖南省内，尚未扩展到全国范围。受到"皇爷槟榔"推出电视广告而获得大量市场份额的利好影响，槟榔企业之间广告竞赛和争夺市场的脚步也越走越快。很快，湖南省内的市场已经不能满足处于激烈竞争和扩张中的槟榔企业了。2004 年，在湖南卫视推出的娱乐节目《超级女声》中，汪涵口播了一句"友文槟榔"的广告词——"你的味道，我知道"，首次将湘潭槟榔推到全国电视观众的面前，这也正式开启了槟榔企业的市场争夺，范围从湖南一省蔓延至全国。

2003 年到 2013 年，是槟榔企业大肆扩展市场的 10 年。"口味王"、"胖哥"、"皇爷"（张新发）和"伍子醉"等一众槟榔企业，纷纷在全国各大媒体上进行广告宣传，并且同步进行线下铺货。在线上宣传和线下铺货的双拳出击下，中国的槟榔消费在这 10 年间出现了几乎翻倍的增长，而槟榔产业也已经成了海南和湖南两省的重要产业。2017 年，《湘潭市人民政府关于支持槟榔产业持续健康发展若干政策的意见》（简称《意见》）发布，在补充的政策解读中，湘潭市政府提到，湘潭市槟榔产量占全省生产总量的 80% 以上，年销售收入超过 80 亿元，税收过亿元，近 15 万人从事与槟榔相关的工作，全省有 2 600 多万人嚼食槟榔。[57]《意见》还特别指出，要"将'槟榔'列入重点舆情监控范围，对不利于槟榔产业健康发展的负面报道和恶性炒作……第一时间加以妥善处置"。

槟榔的线上软硬广告宣传策略大致上与其他快消品（快速消费品）类似，比较突出的有邀请明星代言。比如汪涵就在《超级女声》《湖南卫视春节联欢晚会》《十三亿分贝》等节目上多次为槟榔代言，并且有过亲身嚼食槟榔的场面，[*]其他为槟榔代言过的明星有唐国强、王宝强等。

从代言明星的选择上，我们可以看出槟榔广告的目标受众是中青年男性。除了明星代言以外，槟榔户外广告的投放特别偏重于交通枢纽、加油站、货运站，这是由于经常出差、开车以及从事物流行业的人较为偏爱嚼食槟榔。电子竞技产业也是槟榔企业的重点关注对象，许多电子竞技的一般玩家和从事电子竞技相关工作的专业人士喜欢嚼食槟榔，因此槟榔企业也频频出现在电子竞技比赛的赞助商列表上。

槟榔在线下的铺货是特别值得被关注的，如果说线上的广告能够让人们看得到、记得住，那么要把广告投入转化为实实在在

---

[*] 在《十三亿分贝》节目中，汪涵与撒贝宁一起嚼食槟榔；在《野生厨房》节目中，汪涵和李诞、陈赫等人一起嚼食槟榔，明星嚼食槟榔的情景有强烈的暗示效果。

的销量，让人们买得到，关键还是在铺货上。为了了解槟榔铺货的情况和各地代理商的市场运营方式，笔者在 2020 年秋季进行了一次非结构式访谈。经过调查得知，槟榔的铺货通常采取分级代理的方式。一般来说，一个品牌在一个区域会有一个独家代理商（一级代理商），他们负责与总公司洽谈分成比例，按当地市场情况制定具体销售策略。一级代理商底下又有许多二级代理商，二级代理商负责具体的落地工作，通常来说，每个二级代理商下面有数十个乃至数百个业务员，这些业务员大多数是本地人，具体负责在各个零售网店的铺货工作。不同区域的划分大小很不一致，在湖南、广东、广西和湖北这些槟榔市场比较大、相对比较成熟的地方，代理商划分得更细一些。而在北方的大部分地区，由于槟榔市场还不是很大，产品认知度不高，因此代理区域划分得就大一些。通常一个基层的业务员可以覆盖 200~300 个销售网点，以陕西省某地级市为例，这里的槟榔消费尚未形成规模，因此销售得比较好的网点通常靠近货车装卸场、加油站、网吧等地，而一般的路边小店的销售情况则不太理想。二级代理商通常会让一个业务员搭配着负责几个卖得好的和几个卖得不太好的网点，让业务员从一些盈利的网点拿钱去"养"一些比较有潜力的网点。对于有潜力但槟榔销售尚未有起色的零售网点，业务员会投入诸如"陈列费""过期包退"之类的成本去铺货，尽量让零售网点将槟榔放在显眼的位置，以吸引潜在的消费者。由于槟榔在货架上的保质期只有两个月左右，在未形成销售规模的地方，许多槟榔业务员"过期包退"的承诺就使零售网点有很大的动力去陈列槟榔。我们在现实中也能发现，全国大量的路边小店都将槟榔摆在了很显要的位置上。

对于槟榔销售情况比较好的网点，比如前面提到的货车装卸场、加油站、网吧附近的销售网点，业务员的工作重点会放在升级产品、品牌竞争和促销活动等方面。对于这些槟榔销售金额占营业额比例较高的网点，业务员一般不需要支付"陈列费"或者承诺"过期包退"，只需要保证其利润，店家就已经有足够的动力将槟榔摆在最好的位置。对于槟榔销售已经比较成熟的网点和地区，业务员通常会推动产品升级，简单地说，就是把原来的低价产品替换成高价产品，比如 K 公司近年来就不断推高产品价格，2017 年以来基本已经淘汰了 20 元以下的产品，新产品定价大致在 20 元至 50 元之间。其他槟榔企业也纷纷跟进，陆续淘汰低价产品，使得目前市场上普通槟榔产品的价格近年来都有所提升。由于槟榔产品在零售终端的毛利润率普遍为 10%~20%，在消费品中间算是较为可观的，而代理商和业务员能够获得的销售分成也比较高，因此槟榔的代理和推广都是十分有利可图的。

不断推高的槟榔价格也加重了槟榔嚼食成瘾者的经济负担。客观地说，我国的槟榔嚼食者大多数属于收入和文化水平相对不高，靠辛勤劳动维系生活的一般劳动者。很多人由于职业需要而长时间劳动，因此需要嚼食槟榔来提神。自 2017 年以来，翻倍增长的槟榔零售价格已经严重影响了他们消费槟榔，很多受访者表示"快吃不起"槟榔了，不过许多人也表示少吃槟榔"至少对健康有好处"。

槟榔本身具有成瘾品的特质，消费者一旦养成嚼食槟榔的习惯，很容易持续地消费槟榔产品；而持续不断的线上宣传、线下推广和促销活动，都在有意地诱使成千上万的民众成为槟榔消费者。在槟榔企业追逐利润的推动下，槟榔产品的消费增长非常迅速，具体可以参考下一节的中国历年槟榔产量数据。

槟榔的快速扩张很快吸引了社会各界的关注。医疗卫生行业是最早开始警惕槟榔产业快速扩张的。早在 1988—1989 年，王明寿、蒈新春等人就对槟榔导致的口腔病变进行过系统性的研究。[58] 此后，湘潭和海南等地的医生不断地对槟榔与口腔病变之间的关联性进行研究，每年都会发表大量的学术成果。在槟榔刚刚开始从湖南湘潭地区的局部向全国流行扩张的 2003 年，世界卫生组织下属的国际癌症研究机构就在具有充分研究证据的前提下，将槟榔（包括槟榔嚼块、槟榔果）列为 1 类致癌物（对人类确定致癌）。[59] 2017 年 10 月 30 日，中华人民共和国原国家食品药品监督管理总局也确认，并且向公众发布了与世界卫生组织国际癌症研究机构致癌物清单一致的中文版本，[60] 见表 4-3。

中国的公共媒体和大众传媒机构从 2013 年开始集中关注槟榔致癌的问题。2013 年 7 月 14 日，中央电视台新闻频道在《新闻 30 分》节目中以大约 3 分钟的篇幅，播出了新闻专题短片《嚼出的癌症·湖南：口腔癌高发，患者多爱嚼槟榔》。[61] 短片中报道了湖南口腔癌患者人数成倍增长的情况，并且明确指出嚼食槟榔是口腔癌患病率大幅提升的主要原因（见图 4-3）。

此后，其他国内媒体也陆续跟进，对槟榔致癌的情况进行了

表 4-3　世界卫生组织国际癌症研究机构致癌物清单*

1 类致癌物清单（共 120 种）			
1 类致癌物：对人为确定致癌物。			
序号	英文名称	中文名称	时间（年）
1	Acetaldehyde associated with consumption of alcoholic beverages	与酒精饮料摄入有关的乙醛	2012
2	Acheson process, occupational exposure associated with	与职业暴露有关的艾其逊法（用电弧炉制碳化矽）	2017
3	Acid mists, strong inorganic	强无机酸雾	2012
4	Aflatoxins	黄曲霉毒素	2012
5	Alcoholic beverages	含酒精饮料	2012
6	Aluminium production	铝生产	2012
7	4-Aminobiphenyl	4- 氨基联苯	2012
8	Areca nut	槟榔果	2012
9	Aristolochic acid	马兜铃酸	2012
10	Aristolochic acid, plants containing	含马兜铃酸的植物	2012
11	Arsenic and inorganic arsenic compounds	砷和无机砷化合物	2012
12	Asbestos (all forms, including actinolite, amosite, anthophyllite, chrysotile, crocidolite, tremolite)	石棉（各种形式，包括阳起石、铁石绵、直闪石、温石棉、青石棉、透闪石）	2012
13	Auramine production	金胺生产	2012
14	Azathioprine	硫唑嘌呤	2012
15	Benzene	苯	In prep.
16	Benzidine	联苯胺	2012
17	Benzidine, dyes metabolized to	染料代谢产生的联苯胺	2012
18	Benzo[a]pyrene	苯并 [a] 芘	2012
19	Beryllium and beryllium compounds	铍和铍化合物	2012
20	Betel quid with tobacco	含烟草的槟榔嚼块	2012
21	Betel quid without tobacco	不含烟草的槟榔嚼块	2012
备注：In prep. 表示相关研究结果尚未以电子版或印刷版形式公布。			

---

* 　原表中列出了 120 种致癌物，此处只截取了前 21 种。——编者注

图4-3　中央电视台播出的新闻专题短片《嚼出的癌症·湖南：口腔癌高发，患者多爱嚼槟榔》

一系列报道，其中影响力比较大的还有：山东卫视于2013年播出的《"槟榔王国"中的"割脸人"》新闻专题片，广东电视台于2015年播出的社会新闻《逃犯吃槟榔吃成樱桃嘴"易容"逃亡13年被抓》，等等。这一系列有广泛社会影响力的、提及槟榔危害口腔健康的视频和文字内容，引起了大众对于槟榔影响健康的警觉。从图4-4百度关键词"槟榔"搜索指数中，我们可以明显地看到这一系列报道引起的大众关注度变化。[62]

从图4-4中我们可以明显地看到两个高峰段：第一个高峰段出现在2013年7月15日至7月21日之间，搜索指数达到12 654；第二个高峰段出现在2015年11月23日至11月29日

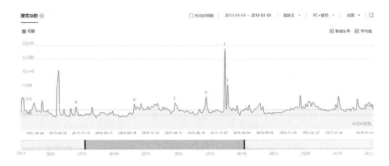

图 4-4 百度关键词"槟榔"搜索指数（2013 年 1 月 1 日至 2018 年 1 月 1 日）

之间，搜索指数达到 17 218。第一个高峰段的出现对应的是央视新闻专题短片《嚼出的癌症·湖南：口腔癌高发，患者多爱嚼槟榔》；第二个高峰段的出现对应的是广东电视台社会新闻《逃犯吃槟榔吃成樱桃嘴"易容"逃亡 13 年被抓》，而平时槟榔的搜索指数通常在 3 000 到 4 000 之间。从百度搜索指数中我们可以看到，大众对于槟榔的关注首先由主流视频媒体带起，形成一个"议程设置"机制，然后由各种文字媒体进行较为深入的跟踪报道，在社交网络媒体上形成讨论话题。槟榔话题的热度虽然只能持续 5~6 天，但整个社会对于槟榔的关注可以以此为契机抬升一个层次，经过数轮这样的讨论以后，"嚼槟榔不利于健康"的认知就会成为社会的广泛共识。

2013 年开始，大众媒体上密集的关于槟榔致癌问题的讨论，引起了民众的广泛关注，笔者在田野调查中接触到的大量受访者都表示了解槟榔是致癌物，而且很多人说自己了解的渠道是"在电视上看到有关报道"或者"在手机上阅读到有关文章"。槟榔的产量也明显受到这些负面消息的影响。中国大陆的槟榔产量从 2010 年至 2013 年几乎每年都有 2 万多吨的增长，但是在 2013 年（22 万吨）、2014 年（23.1 万吨）、2015 年（23.06 万吨）这三年里，槟榔产量始终徘徊在 23 万吨左右，2015 年的产量比 2014 年还下降了 400 吨，很明显受到了槟榔负面舆论的影响（详见本章第六节图表）。

在一边倒的斥责槟榔危害健康的公关危机事件面前，槟榔产业也不断尝试努力改善形象。不过这样的努力成效并不理想，甚至会招致质疑。中央电视台财经频道于 2013 年 9 月 22 日的《经济信息联播》节目中报道，在祖祖辈辈种槟榔、吃槟榔的海南万宁，并没有出现大量的口腔癌患者，并称槟榔与口腔癌关系不大，将槟榔认定为致癌物并不妥当。该报道指出，媒体关于"槟榔致癌"的报道严重打击了海南的槟榔产业。在槟榔的主要产区万宁，槟榔价格从 2012 年的 6 元每斤降到了 1.2 元~1.4 元每斤，大部分农户种植的槟榔无人问津，损失惨重。该报道还提出，我国约 95% 的槟榔产在海南，槟榔种植面积达 120 万亩以上，是海南 70 多万槟榔种植户（200 多万农民）的主要收入来源。在槟榔之乡万宁，槟榔收入约占农民全年收入的一半。突如其来的"槟榔致癌"风波使槟榔价格暴跌，槟榔产业全线遭受重创，槟榔种植户的收入还不及前一年的五分之一。[63]

中央电视台前后两个月的态度有了 180 度的大转弯，这很容易让人猜想是相关利益者公关运作的结果。事实上，部分公众对于《经济信息联播》节目的说法非常不满，有网友微博留言说这是"公然为 IARC 一级致癌物洗地"，是"毫无节操的自打脸"。显然，直接给槟榔洗脱"致癌物"罪名的公关方式是不可能获得当代中国公众的认可的，这种做法只会增加相关话题的讨论度，对槟榔产业愈加不利。从 2018 年开始，一部分槟榔企业开始在槟榔包装上加注"长期过量嚼食，有害口腔健康"之类的警示文字，这显然是在反复的公众讨论之下做出的一种让步。虽然这些槟榔企业愿意承认嚼食槟榔会危害口腔健康，但在措辞上始终给自己留有余地，加上"长期""过量"之类的字眼，一方面会让部分消费者存有侥幸心理，另一方面也可以使自身免于个别消费者的追责。

从 2013 年开始，槟榔致癌已经逐渐成为社会的普遍共识，而槟榔产业也开始在这种舆情下慢慢调整自身的生存策略。概括一点地说，这种策略的精髓就是"闷声发大财"（见图 4-5）。所谓"闷声发大财"，可以分解为以下四个营销策略来理解：

"闷声"的要诀在于减少面向大众的曝光机会。户外广告、电视广告这些面向广泛受众的广告，在提升槟榔的消费方面作用有限，反而会引起政府和公众对于槟榔产业做大的过分关注。在公共话题的讨论中，槟榔产业可以通过"议程设置"的公关手段尽量减少这一类讨论的出现，因为以中国当前的公众教育水平和舆论导向来看，槟榔产业要强行扭转"槟榔致癌"的观念显然是不太可能的，那么最有利的策略就是不引发关注、减少公共讨论。

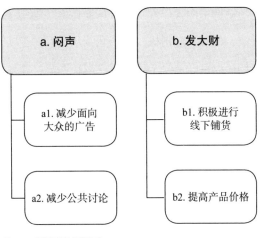

图 4-5　当代槟榔的营销策略

　　"发大财"的情况显然是目前已经发生了的。虽然槟榔产业在 2013 年至 2015 年间受到一定程度的冲击，但自 2015 年以后，槟榔产业的产值每年仍然保持了相当稳定的增长速度，总产值从 2013 年的 100 亿元左右[64]，增加到 2020 年的 400 亿元左右[65]。不过，在这期间槟榔的产量并没有出现 4 倍的涨幅，而是增加了 7 万吨左右，即大概从 18 万吨增长到了 25 万吨。即使除去通货膨胀的因素，槟榔产业的产值至少也有 3 倍的增长。槟榔产业产值的迅速增长，主要靠的是提升产品价格的方法；不管是从总产值上来看，还是从市面槟榔产品的价格来看，槟榔的单位价格至少是翻了倍的。除了提升产品价格以外，针对特定人群进行推广也是卓有成效的营销方法，由于这种营销方法一般不会扩散到大众视野中，因此相对比较安全，不容易引起公众的警觉和厌恶。

比较常见的槟榔窄向推广方式是"开袋有奖""关注公众号抽奖"之类的手法，也有针对司机、电子竞技从业者的专项赞助推广活动等。槟榔产业已经学会了精准定位潜在客户，并且以比较谨慎的姿态进行市场营销。

2019 年 3 月 7 日，湖南省槟榔食品行业协会发布了《关于停止广告宣传的通知》。[66] 这一举措无疑是经过成熟思考的，其实也是槟榔产业"闷声发大财"市场营销策略的一种体现。不过，这一举措并没有得到全部槟榔企业的严格遵守，时至 2021 年年初，仍然随处可见槟榔广告。湖南省槟榔食品行业协会的举措并没有法律上的强制效力，只能在行业范围内形成一定的压力；行业协会可以起到协调企业行动、平衡政企关系的作用，但并不是政府管理机构，只是自发性质的民间组织。湖南省槟榔食品行业协会发布《关于停止广告宣传的通知》的举措，从整个槟榔行业的长远发展来看，有助于避免激起公众的负面情绪、避免引起政府的强制监管，无疑是极具智慧的一步棋；然而，个别槟榔企业为了一己私利，不遵守行业协会的约定，虽然一时之间能够通过广告获得一些市场份额，取得比较大的利润，却将槟榔产业整体置于危险的境地。这种情况也是当前中国市场环境下无可奈何的现实。

第六节　乘着经济大潮席卷全国的槟榔

进入 21 世纪以来，随着中国经济的发展，人们的可支配收入日益增多，生活节奏加快，劳动强度显著提升，加之槟榔产业的主动扩张，大陆居民近 20 年来嚼食槟榔的行为显著增多。不过，随着台湾经济增长高潮的过去，人民的健康意识日益加强，台湾居民嚼食槟榔的行为近 20 年来出现了显著减少的趋势。

这一节中，笔者主要以数据及可量化的调查等方式呈现 21 世纪初槟榔在中国的流行情况，及其与相邻各地的对比情况，并且介绍当代中国人对槟榔的认知程度。

槟榔的主要生产地很少进口槟榔，基本上都是自给自足，中国的情况也是如此，很少使用进口槟榔，*因此槟榔的产量也基本反映了消费情况。笔者根据联合国粮食及农业组织公布的数据和海南省统计局公布的数据，统计了 2007—2020 年世界主要槟榔产区的槟榔产量（见表 4-4、图 4-6），并绘制了 2020 年全球槟榔产量分布地区构成图（见图 4-7）。关于中国的槟榔产量，只能找到海南和台湾两个主产区的数据，以下分别列出。需要指出的是，海南省的槟榔产量占到我国槟榔产量（未包括台湾省数据）的 95% 以上。

---

* 中国台湾每年从泰国进口槟榔数百吨，而自产 10 万吨；中国大陆从越南进口槟榔，数量也仅有数百吨，进口数量不构成统计意义上的影响，此处忽略不计。

表 4-4 2007—2020 年全世界主要槟榔产区的产量详表

产量/吨 年份	印度	孟加拉国	中国海南	缅甸	印度尼西亚	中国台湾	斯里兰卡	泰国	不丹	尼泊尔
2007	483 300	101 240	95 413	98 500	161 274	134 497	25 870	39 000	6 569	3 922
2008	476 000	97 947	116 511	115 600	168 494	144 595	26 840	35 000	3 842	3 972
2009	481 300	105 448	143 557	115 800	177 000	142 636	27 860	41 000	6 375	3 977
2010	478 000	91 681	152 105	118 000	184 300	131 737	29 880	40 649	7 280	4 266
2011	478 000	105 953	169 163	120 000	183 100	129 316	31 600	36 000	9 781	7 620
2012	681 000	136 000	198 122	121 000	180 000	124 091	37 700	41 000	10 500	9 188
2013	609 000	181 000	223 330	119 500	122 285	124 054	38 742	40 000	9 491	11 560
2014	622 000	188 000	231 015	176 230	134 286	121 435	41 977	36 222	7 468	4 008
2015	747 000	218 000	229 221	197 208	134 571	113 182	42 717	39 047	9 406	13 689
2016	714 000	214 000	234 225	198 365	130 381	99 992	43 012	38 423	9 467	14 225
2017	723 000	246 863	255 114	204 022	133 079	102 165	46 333	37 897	9 342	14 390
2018	833 000	215 783	272 203	930 73	132 677	102 918	54 691	38 456	11 681	13 905
2019	901 000	316 715	287 043	226 031	132 046	103 767	53 645	38 259	16 107	5 542
2020	904 729	328 610	283 278	203 215	132 601	98 565	63 986	38 204	17 446	8 782

注：中国海南数据根据海南省统计局、国家统计局海南调查总队编写的各年度海南统计年鉴整理，[2021-02-26]，http://stats.
hainan.gov.cn/tjj/tjsu/ndsj/；其余数据来自联合国粮食与农业组织统计数据库（列表筛选），[2021-02-26]，https://www.fao.org/
faostat/en/#data/QCL。

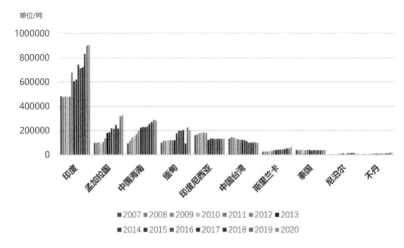

图 4-6　2007—2020 年世界主要槟榔产区的产量趋势图

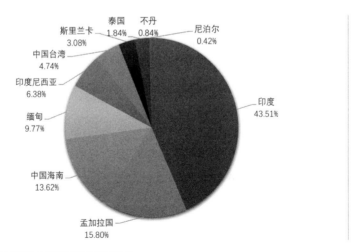

图 4-7　2020 年世界主要槟榔产区的产量构成比例

从这些图表中我们可以发现，从 2007 年到 2020 年，印度、孟加拉国、缅甸和中国海南的槟榔产量整体呈显著的上升趋势，而中国台湾和印度尼西亚的槟榔产量则有所下降，其余产区的槟榔产量基本持平。中国海南的槟榔产量从 2007 年的约 9.5 万吨提升至 2020 年的约 28.3 万吨，中国台湾的槟榔产量从 2008 年的约 14.5 万吨降低至 2020 年的 10 万吨不到。相应地，台湾经常嚼食槟榔的人口从 2008 年总人口的 8%，即 184 万人左右，降低至 2017 年的 5%，即 118 万人左右。[67] 另外，从地理区域来看，南亚是当代槟榔消费最为流行的区域；东南亚虽然是槟榔的起源地，但由于人们的生活方式发生了比较大的转变——受到西式生活方式的强烈影响，因而嚼食槟榔的情况已经不如 20 世纪初时那样普遍；东亚消费槟榔的人数则相对稳定而略有增加。

各个地区食用槟榔的方式截然不同，导致槟榔的计量存在很大的地区偏差。在产量较大的几个产地中，印度的槟榔单位产量约为 1 715 千克每公顷，印度尼西亚的槟榔单位产量约为 959 千克每公顷，中国海南的槟榔单位产量约为 3 203 千克每公顷，中国台湾的槟榔单位产量约为 2 453 千克每公顷，缅甸的槟榔单位产量约为 2 901 千克每公顷。[68] 印度和印度尼西亚采收的槟榔是完全成熟的橘红色槟榔果。印度尼西亚采收槟榔果的方式是等待槟榔果熟透掉落在地面，捡收落在地上的熟透果实。由于这种采收方式比较粗放，大量熟透的槟榔果落地后摔坏或未能被及时捡收而腐坏，因此印度尼西亚的单位产量特别低。熟透的槟榔果本身含水量就比青色的槟榔果要少，经过干燥以后，其含水量就更少了，这也导致印度和印度尼西亚的槟榔单位产量比其他地区要低。中国海南、中国台湾和缅甸的槟榔采收方式和计量方式都差不多，因此单位产量相差不算太大。需要特别说明的是，虽然中国台湾、缅甸食用的槟榔以鲜槟榔为多数，但在统计产量时仍然按照一定比例换算成干燥槟榔的重量，与中国海南直接以干槟榔计量的计算方式是一致的。

时至 2019 年，槟榔产业年产值在海南农业产值中位列第一，总产值达到 186 亿元人民币，远高于橡胶的 90 亿元和椰子的 100 亿元。当年，海南省生产总值约为 5 309 亿元，槟榔产业约占海南生产总值的 3.5%；以第一产业产值 1 080.36 亿元计，则槟榔约占海南第一产业产值的 17.2%。2019 年海南槟榔产量超过 28.7 万吨，种植面积达到 172.8 万亩。[69]当代海南槟榔产业仍高度集中于万宁、琼海一带，与清朝时基本无异。与海南遥遥领先的槟榔产量相比，台湾在 2020 年的槟榔产量不足 10 万吨，仅为海南的 35%。但在 2008 年以前，台湾的产量曾大大超过海南。2008 年台湾的槟榔产量约为 14.5 万吨，而海南则约为 11.7 万吨，时间越往前差距越大。自 2008 年至 2016 年，台湾槟榔产量呈逐年下降趋势，在经历了 2017 年至 2019 年的小幅反弹之后，又于 2020 年继续回落。而海南则每年增加至少 1 万吨（只在 2015 年和 2020 年略有下降），在 2008 年、2009 年、2011 年、2012 年、2013 年、2017 年，海南的槟榔产量每年增加超过 2 万吨（详见前文表 4-4）。

目前中国尚未有完整的经常嚼食槟榔人口的统计，不过有研究者对嚼食槟榔的重点地区和重点人群进行了部分统计，比如尹晓敏等人在 2006 年调查了长沙地区的 2 749 名体检者，其中有 697 人（约 25.36%）有嚼食槟榔的习惯。[70] 同年，萧福元等人调查了湘潭地区的 23 975 名受访者，其中有 1.4 万人（约 58.81%）有嚼食槟榔的习惯。[71] 周洋等人调查了三亚驻地 2011 年参加体检的 5 302 名部队官兵嚼食槟榔的情况，发现其中有 2 337 人（约 44.1%）有嚼食槟榔的习惯。[72] 另外，根据湘潭市政府发布的数据可知，2017 年湖南省有 2 600 多万人嚼食槟榔，[73] 不过笔者认为这个数据是被严重夸大了的。

总的来说，大陆嚼食槟榔的情况不同于台湾。台湾嚼食槟榔人群的分布比较普遍，虽然台湾少数民族、东南部居民、男性和特定职业从业者（司机、警察、夜班工人、电子竞技从业者、媒体从业者）中嚼食槟榔者的比例明显高于其他人口组别。但大陆的分布更加高度集中于湖南与海南两省居民、男性和特定职业从业者组别中，而在其他人口组别中非常罕见。

我们可以对照台湾的槟榔消费情况大致推导出大陆具有嚼食槟榔习惯的人口。假定大陆和台湾有嚼食槟榔习惯的人平均消费的槟榔数量差不多。2017 年台湾 118 万名嚼食槟榔者消费了约 10.22 万吨槟榔，那么台湾每千人每年消费槟榔的数量约为 87 吨。如果大陆每千名嚼食槟榔者消费的槟榔数量与此相当，那么 2017 年大陆经常嚼食槟榔的人口则在 293 万人左右，即大约占大陆总人口数的 2‰。同样以每千人每年消费 87 吨的数值估算，在 2007 年，大陆仅有约 110 万名嚼食槟榔者。也就是说，经过短短 10 年，槟榔的嚼食者人数增加了近两倍。

关于槟榔认知程度的调查

从中国槟榔产量和消费的迅速增长，以及笔者日常观察到的情况来看，贩卖槟榔的摊位在许多城市随处可见，槟榔的广告经常出现在大众媒体和公共场合中（尤其在南方地区）。笔者猜测，近20年来中国人可能与槟榔发生了越来越多的接触，但这种接触应该与地域分布、职业、性别、移民情况、年龄、媒体接触情况密切相关。另外，随着槟榔产业产销量的显著增长，应该有越来越多的中国人接触到，或者尝试过这种有着复杂属性的成瘾性食品。

笔者进一步地做出了如下假设。

假设1：中国人对槟榔的认知可能与地域密切相关，湖南、海南、云南和广西等地区的人比其他地方的人更加了解槟榔，有嚼食槟榔习惯的人应该也主要来自这些地方。

假设2：由于大规模的人口流动，关于槟榔的知识可能会由移民带入他新加入的社会空间，因此移民比没有移民经历的人更了解槟榔。

假设3：由于槟榔广告在媒体中出现，因此一些原本完全没有机会接触到槟榔的人，也有可能借由媒介渠道了解到槟榔。

假设4：因为槟榔是一种早已被中国人认识的热带作物，所以中国人对槟榔的认知维度可能是十分多元的。

假设5：嚼食过槟榔的人可能比较少，但大多数人可能对槟榔具备一定的认知。

基于以上的假设，笔者在2020年11月19日至2020年12月1日之间，在移动互联网上发起了名为"槟榔认知程度调查"的在线问卷调查。问卷总共投放了 2 197 份（被打开 2 197 次），回收有效问卷 790 份，回收率约为 36%。问卷共有 16 道题，是随着答题者（受访者）对槟榔的了解程度逐渐深入而依次排列的，排列的逻辑顺序为"知道—见过—吃过—经常吃"，如果答题者回答没有过相关的认知，则答题终止。第 1 题至第 5 题为基本信息，调查受访者的背景；第 6 题至第 16 题为对于槟榔的了解，调查受访者对槟榔的认知程度。为了使受访者能够比较轻松地完成问卷，笔者有意地控制了问卷的长度，全部问卷的平均回答时间为 2 分 7 秒。

问卷的全部内容如下：

槟榔认知程度调查

本调查为学术研究目的，旨在了解一般民众对槟榔的了解和认知程度，搜集的信息仅用作学术论文和报告的写作。

1. 您目前居住在哪里？（填写您现在居住的地方）

2. 您来自哪里？（填写您的祖籍地、家乡或出生地）

3. 您的性别是？

4. 您的出生年份是？

5. 您的最高学历（包括在读）是？

　a）初中及以下

　b）高中／中专／技校

　c）大学专科

　d）大学本科

　e）硕士及以上

6. 您知道槟榔是什么东西吗?

   a) 知道

   b) 不知道（答题结束）

7. 您第一次知道槟榔的时候年纪多大?

   a) 我从小就知道（10 岁及以下）

   b) 11 ~ 20 岁

   c) 21 ~ 30 岁

   d) 31 ~ 40 岁

   e) 40 岁以上

8. 您第一次知道槟榔时，是从什么渠道知道的?

   a) 家人告诉我的

   b) 看到身边人吃槟榔

   c) 朋友 / 同学 / 同事告诉我的

   d) 见到卖槟榔的

   e) 媒体（电视、电影、书籍、手机、网络等）上看到的

   f) 其他（自行填写）

9. 您认为槟榔是?（多选题）

   a) 台湾特产

   b) 零食

   c) 国外才有的东西

   d) 海南特产

   e) 佛教供奉品

   f) 会上瘾的东西

g）一种中药材

h）湖南特产

i）嚼食嗜好品

j）致癌物

k）其他（自行填写）

10. 您见过槟榔吗？

a）见过

b）没见过（答题结束）

11. 您首次见到的槟榔是什么形态的？

a）干制的、包装的（湘潭槟榔包装产品）

b）干制的、散装的（湘潭槟榔）

c）新鲜的、绿色的（海南、台湾类型）

d）干燥的、切片的（中药材类型）

f）其他（自行填写）

12. 您吃过槟榔吗？

a）吃过

b）没吃过（答题结束）

13. 您第一次吃槟榔的时候年纪多大？

a）我从小就吃（10 岁及以下）

b）11～20 岁

c）21～30 岁

d）31～40 岁

e）40 岁以上

14. 您首次吃到的槟榔是什么形态的？

    a）干制的、包装的（湘潭槟榔包装产品）

    b）干制的、散装的（湘潭槟榔）

    c）新鲜的、绿色的（海南、台湾类型）

    d）干燥的、切片的（中药材类型）

    e）其他（自行填写）

15. 您有嚼食槟榔的习惯吗？

    a）有

    b）没有（答题结束）

16. 什么原因使您嚼食槟榔？（多选题）

    a）为了提神、解乏

    b）社交需要（和朋友们一起吃）

    c）上瘾了，不吃难受

    d）喜欢槟榔带来的感受

    e）为了清洁口腔、打虫

    f）喜欢槟榔的味道

    g）其他（自行填写）

    除了发放问卷，笔者还对部分受访者进行了半结构式电话访谈，访谈内容基本与问卷相关。进行半结构式访谈有助于补充问卷调查所不能获得的信息，比如有的受访者既听过《采槟榔》的歌曲，也看过报道槟榔致癌的新闻专题片，对后者的印象更深一些，但第一印象是来自歌曲的。有的受访者补充了笔者在问卷中没有问及的信息，比如有一位来自广西岑溪的受访者就说，当地传统婚礼上有以槟榔为礼的习惯，以前广西南部有种植少量的槟榔树，但如今当地人所食用的槟榔多从越南进口而来。

发放问卷的平台主要是微信，77%的问卷是通过微信触达受访者的，其余的有的通过微博，有的通过QQ，有的通过豆瓣网；94%的有效样本是受访者使用移动设备所填写的问卷，其余的样本是受访者使用电脑所填写的问卷。笔者进行了20个半结构式电话访谈，访谈对象对槟榔的了解程度较高；有部分受访者在填写完问卷之后留下了联络方式，笔者对其进行了后续的电话访谈，还有一部分是笔者在其他场合遇到的对槟榔有一定了解的人士。

此次问卷调查采取了控制样本落点的方法，也就是说，为了使样本的落地较为均衡地分布在不同地理区域、不同年龄层次、不同受教育程度、不同性别的群体当中，笔者定向选取了一些二级发放人，请他们向指定的微信朋友发送问卷，从而得到特征较为平衡的有效样本。问卷的发放方法如图4-8所示：

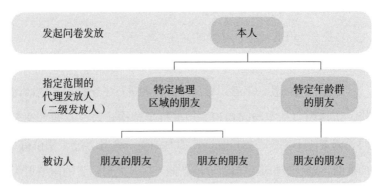

图4-8　问卷的发放方法

回收样本的总体特征

笔者就受访者目前居住地的地理位置和家乡所在地的地理位置对受访者进行了比较详细的提问（精确到县区级地理行政区划），这是为了调查受访者迁徙的情况。假如受访者目前的居住地和家乡所在地完全一致，即假定受访者没有发生过迁徙（实际情况中有可能发生过迁徙，但调查详细的迁徙状况过于复杂，因此本研究尽量将情况简化）。经历过迁徙的人群有比较大的可能性接触过来自不同地区的、带有不同风俗习惯的人群，因此对槟榔的了解程度很可能也会更高。在受访者所提供的目前居住的地理区域中，广东省所占比例最高（29.7%），湖南省次之（11.6%），此后依次是浙江省（8.5%）、上海市（6.5%）、重庆市（6%）、北京市（5.5%）。前六位的省、直辖市的样本量占到总样本量的67.8%，其余的省、自治区、直辖市皆不及5%。目前居住在北方的样本为145份，居住在南方的样本为645份。*样本目前居住地的地理分布偏重于南方，偏重于大型城市。如图4-9左列所示。

在受访者所提供的家乡所在的地理区域中，仍以广东省占比最高（14.6%），湖南省次之（13.7%），此后依次是河南省（7.2%）、安徽省（6.7%）、浙江省（6.2%）、重庆市（4.7%）。前六位的省、直辖市的样本量加起来占到总样本量的53.1%，整

---

* 这里所称的北方、南方，是以秦岭—淮河一线划分的。省份辖境跨过秦岭—淮河一线的江苏省、安徽省、河南省、陕西省，按照省会所在位置判定，江苏、安徽属南方，河南、陕西属北方。西部的青海划归北方，西藏划归南方。

体分布情况比较平均，大致与全国人口分布情况相近。家乡在北
方的样本为 252 份，在南方的样本为 538 份，仍然偏重于南方。
如图 4-9 右列所示。

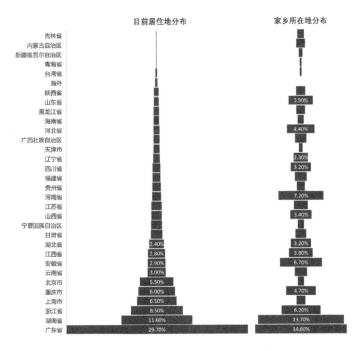

图 4-9　样本目前居住地和家乡所在地的地理分布情况

从"目前居住地"和"家乡所在地"两题的对比中，我们
可以明显地看到人口迁徙的趋势，即从北方向南方迁徙，从内陆
向沿海迁徙，从农村和中小城市向超大型城市迁徙。比如只有
14.6% 的受访者说自己的家乡在广东省，而目前居住在广东省的
受访者占总受访人数的 29.7%，也就是说几乎有一半的广东省受

访者是从其他地方迁徙而来的，这样的调查结果也与当代珠三角地区的人口结构基本吻合。反之，家乡在河南省的受访者占总受访人数的 7.2%，而目前居住在河南省的受访者只占总受访人数的 1.5%，也反映了人口流出地区的特征。

受访者的年龄和性别特征如图 4-10 所示：

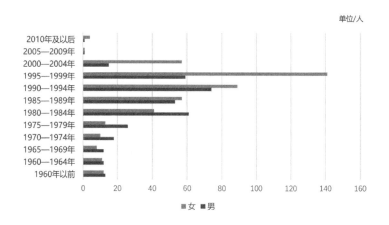

图 4-10　受访者的年龄和性别特征

本调查的受访者较为集中于 1980 年至 1999 年出生的人群，"80 后" 212 名，约占总数的 26.8%，"90 后" 363 名，约占总数的 46%。另外，女性人数也稍多于男性，尤其在 1990 年以后出生的受访者中，女性人数比男性约多出一倍。这样的受访者年龄和性别结构确实是有些偏颇的。相应地，鉴于年龄和性别比例的不均衡，笔者在分析相关变量时，将进行分年龄组别和性别组别的讨论。

受访者的受教育程度如图 4-11 所示：

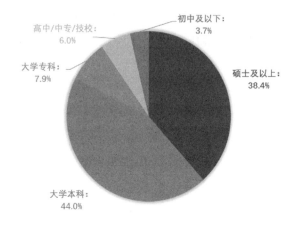

图 4-11　受访者的受教育程度

本调查的受访者受教育程度偏高，本科及以上的占到了82.4%，而本科以下的只占到17.6%，与我国实际人口的受教育水平有很大的差距。因此调查结果可能也会与实际情况有较大的偏差。

调查分析详述

在调查以前，笔者估计多数受访者知道槟榔，并且对其有一定的了解，而吃过槟榔和经常吃槟榔的人应该比较少。然而实际调查的结果显示，受访者对槟榔的熟悉程度比笔者估计的还要高得多。在"您知道槟榔是什么东西吗"这个题目上，有94.9%的人选择了知道，而仅有 5.1% 的人选择不知道，即使将样本控制在家乡在北方且目前仍居住在北方的受访者之中，仍然有接近90% 的人知道槟榔。而在南方受访者中，知道槟榔的达到 97%。仅有极少数人不知道槟榔为何物，而这部分受访者都是家乡与目前居住地相同的，也就是说他们可能没有迁移经历。相对来说，受教育程度比较低的受访者不知道槟榔为何物的可能性较大。如果将范围进一步限定在1960年以前出生的受访者（共9人）中，则有3人不知道槟榔，而且这些受访者全为女性。

总的来说，可以推断大多数中国人是知道槟榔为何物的；相对而言，受教育程度较低的人、北方人、女性和没有迁移经历的人，更有可能不知道槟榔为何物。但即使是满足以上条件的这部分人群（笔者基于现在的调查结果估计），完全不知道槟榔为何物的人数大概也不会超过一半。

接下来的问题是关于首次得知槟榔时的年龄和场合的，这两个问题都显示出强烈的地区差异。在选择知道槟榔为何物的750份问卷中，有135人在10岁及以下的年纪就知道槟榔，374人在11~20岁时知道了槟榔，197人在21~30岁的时候第一次知道槟榔，如图4-12所示：

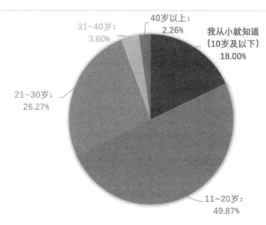

图4-12 受访者知道槟榔为何物时的年龄占比

受访者知道槟榔时的年龄具有强烈的地区差异。湖南、海南、云南和台湾这四个省的受访者过半会选择从小（10 岁及以下）就知道槟榔。家乡在湖南省的 108 位受访者中有 60 人选择了 10 岁及以下的时候就知道槟榔，如图 4-13 所示：

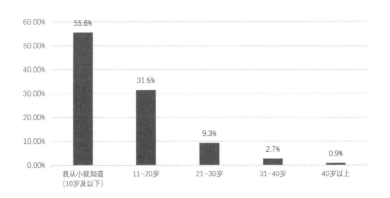

图 4-13　家乡在湖南的受访者知道槟榔为何物时的年龄占比

而除了这四省之外，其他省、自治区、直辖市的受访者首次了解槟榔时的年龄结构如图 4-14 所示：

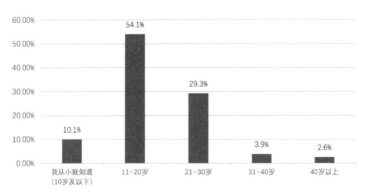

图 4-14　家乡在湖南、海南、云南、台湾四省之外的受访者知道槟榔为何物时的年龄占比

除了受访者了解槟榔为何物时的年龄有地区差别外，他们了解槟榔的渠道也有显著的地区差别。家乡来自湖南、海南、云南和台湾四省以外的受访者了解槟榔的渠道占比如图4-15所示：

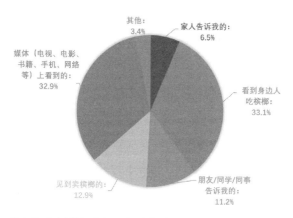

图4-15 家乡在湖南、海南、云南、台湾四省之外的受访者了解槟榔的渠道占比

家乡来自湖南、海南、云南和台湾这四个省的受访者了解槟榔的渠道占比则如图4-16所示：

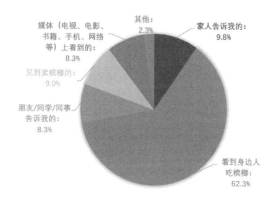

图4-16 家乡在湖南、海南、云南、台湾四省的受访者了解槟榔的渠道占比

可以明显看出，湖南、海南、云南、台湾四省的受访者生活在嚼食槟榔行为比较常见的社会环境中，他们认知槟榔的时间比较早，对生活情境中出现槟榔、身边的人嚼食槟榔感到很熟悉。

结合半结构式电话访谈的结果，笔者了解到在除了湖南、海南、云南和台湾这四省以外的受访者中，大多数人在外出求学和外出打工时才首次接触到槟榔，首次接触的契机通常是看到同学或者同事嚼食槟榔。许多人表示在看到身边的朋友嚼槟榔之后，才开始留意到槟榔的存在，包括发现原来自己老家的杂货店也有槟榔出售，或者留意到路边、电视和网络上的槟榔广告，等等。也就是说，其实许多人都有过与槟榔擦肩而过的时候，只是由于在自己的生活场景中并未出现过槟榔，所以未曾留心。这印证了心理学中的一个论点，即情景记忆要比其他类型的记忆容易得多，一旦槟榔这种事物和记忆中的某个情景结合起来，那么相关记忆就比较容易被调起。

湖南、海南、云南、台湾四省以外的受访者中，还有许多人是通过媒体传播了解到槟榔的。经过在半结构式电话访谈中的追问，笔者了解到许多人是通过歌曲《采槟榔》，以及台湾的电视节目、电影等途径了解到槟榔的；但没有受访者表示自己是通过在电视上播出的广告了解到槟榔的，这可能是由于大多数广告中并未出现人嚼食槟榔的情景，从而被忽略。

虽然如今人们在全国各地的杂货店中可以很容易地买到槟榔，但这条途径对于认知槟榔似乎贡献不大。通过电话访谈，笔者询问了几位选择"见到卖槟榔的"选项的受访者，他们都表示那指的是在海南或者台湾旅游时见到的槟榔摊贩，而不是在身边可能看到过的杂货店。这也许是因为在日常生活中，人们倾向于选择性地封闭自己，不去接受新事物，以免生活受到过多的干扰和不确定因素的影响。然而在外出旅游的时候，人们会短暂地开放自己接受新事物的窗口，有意识地扩展自己的认知领域，从而能够获得关于槟榔的信息。何况在海南和台湾，嚼食槟榔是一种具有强烈外显特质的行为，也比较容易获得旅行者的关注。

另外，即使在50岁以上（1970年以前出生）的人群当中，多数人也表示曾在30岁以前就知道槟榔的存在，大约只有6%的受访者是在30岁以后才知道的。这显示出人们接受未知事物可能有一个时间窗口，如果没有像智能手机、二维码这样的产品，那么大部分人在30岁以后可能就较难去了解一个新鲜事物，并且留下深刻印象了。

在对槟榔的认知上（多项选择），有64.4%的受访者选择了"会上瘾的东西"，有"60.1%"的受访者选择了"嚼食嗜好品"，有51.9%的受访者选择了"致癌物"，有43.9%的受访者选择了"湖南特产"，有32.1%的受访者选择了"海南特产"，仅有20.1%的受访者选择了"台湾特产"，如图4-17所示：

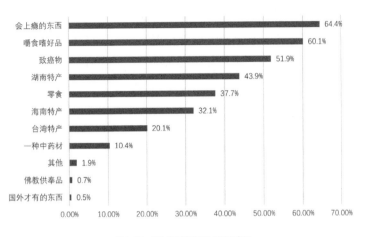

图 4-17　受访者对槟榔的认知选项占比

　　其实"嗜好品"和"成瘾品"的意义比较接近，也就是说，绝大多数人对槟榔的印象是"会上瘾"的"致癌物"，说明受访群体的健康意识还是很强的。至于认为槟榔是"湖南特产"的受访者远多于认为它是"海南特产"和"台湾特产"的受访者，这是由于大陆居民在日常生活中，远有更多的机会接触到嚼食槟榔的湖南人而非海南人或台湾人，毕竟海南和台湾的人口数量加在一起还远小于湖南人口。这就使得湖南虽然不产鲜槟榔，却经常被误认为是槟榔的"故乡"。

　　在对槟榔的认知上，也体现出了一定程度的地理和年龄特征：1970 年以前出生的受访者，选择"海南特产"的比例要高于选择"湖南特产"或"台湾特产"的比例，这可能是由于在这个年龄段的人接受槟榔这种物品的时候，湖南人嚼食槟榔的形象还未广泛流传，他们在 10~30 岁，即 1980—2000 年的时候，可能接触过一些关于海南的新闻专题片或者介绍性读物，也可能是由于听到了海南关于槟榔的民歌而产生了比较深刻的"海南特产"印象。

湖南人和广东人当中选择"湖南特产"的受访者要比其他地方的多很多，这大概是由于广东接受了大量来自湖南的移民，因而在广东人中形成了槟榔是湖南人常吃的东西这种印象。湖南周边的江西、湖北、贵州三省的受访者选择"湖南特产"的比例也相应要高许多，这应该也是受到湖南人口辐射的影响。

1970—1990 年出生的这部分人选择"台湾特产"的要多一些，这个年龄段的人接受新鲜事物的窗口期在 1990—2010 年，其中 1990—2005 年正是台湾文化风靡大陆的时期，因此许多人借由台湾的歌曲、文艺作品、电视节目等媒介渠道获得了槟榔的相关信息，尤其是关于"槟榔西施"的信息，从而对台湾槟榔文化产生了一定程度的认知。

2020 年笔者在中国北方多处城市进行田野调查时发现，40岁以下的受访者中有近一半人就是通过台湾的文化产品首次了解到作为嗜好品的槟榔。顺带提及，笔者在调查时发现，中国南北方的民众普遍都知道槟榔，鲜有被问及时不知槟榔是何物。北方 40 岁以上的受访者多数选择"一种中药材"为认识槟榔的初印象，而南方无论何种年龄组都普遍了解槟榔作为一种嗜好品的用途，且了解槟榔亦可做中药材，这应该与湖南、海南、台湾、云南、广西这些地方仍然保持嚼食槟榔的习惯有关，周边地区民众因而也有目睹或耳闻。南方民众对槟榔的认知明显要比北方民众对槟榔的认知更丰富。

选择"一种中药材"的受访者只有10.4%，选择"佛教供奉品"的受访者只有0.7%，另外在"其他"选项中，有4位受访者填写了"礼仪用品"或者"婚礼必备品"之类的内容，这显示出槟榔在中国文化中的传统形象已经逐渐被淡忘，只有少数地区仍继承了将槟榔作为"嫁娶必备"的传统民俗，而且在本次调查中仅见于广西南部的部分地区。

接下来主要调查的是受访者亲身接触槟榔和食用槟榔的情况。调查的结果让笔者感到很意外，受访者中接触和食用槟榔的人数比例较高（见图4-18）。

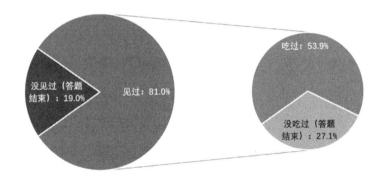

图4-18　受访者接触和食用槟榔的情况

在790名受访者中，有640名表示见过槟榔，更有426名表示曾经吃过槟榔。通过后续的半结构式电话访谈，笔者得知大多数人是出于好奇心而试吃槟榔的。也就说是，受到好奇心的驱使而去试吃槟榔的人其实并不少。只是其中大部分人在首次试吃槟榔以后就放弃了。通过半结构式电话访谈，笔者得知多数人在试吃槟榔以后感受并不好，觉得发热、出汗、胸闷、口腔烧灼、气味奇怪，很多人表示"再也不会吃槟榔"了。也就是说，槟榔对于大多数初次尝试者来说并不友好，这也是槟榔难以在全球范围内广泛传播的一个重要原因（详见本章第一节）。

无论是初次见到还是初次食用，干制包装槟榔都占比最多，且远高于其他类型的槟榔，绝大多数人首次见到和首次吃到的槟榔都属于这种类型，接下来依次为干制的散装槟榔和新鲜槟榔（见图4-19）。干制槟榔的确是湘潭地方独创的加工方法，有利于槟榔传播出去。以往的槟榔受限于作物生长的地理区域和辅助食材的可得性，很难传播到气候比较干燥寒冷的区域。气候环境是限制物种传播的最基本条件，槟榔是一种热带作物，而食用槟榔须搭配的蒌叶也只能在较为炎热的地方种植，因此这是导致新鲜槟榔与蒌叶的搭配很难传播到更广泛的地理区域的最基本因素。

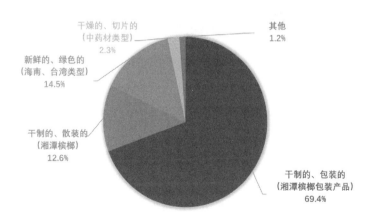

图 4-19 受访者初次接触的槟榔类型

受访者首次吃到槟榔时的年龄集中于 10~30 岁这一年龄段，这也再一次印证了人们尝试新鲜事物的时间窗口。10 岁以前就吃过槟榔的人比较少（见图 4-20），湖南有部分地方的成年人喜欢给小孩子吃一瓣半瓣的槟榔，这种情况在其他地方很少见。可能是由于槟榔有杀虫的功效，所以湖南有些地方的成年人不但不反感给小孩子吃槟榔，反而会鼓励小孩子尝试一点儿。这种行为显然对于一代人成为槟榔成瘾者是很有影响的。

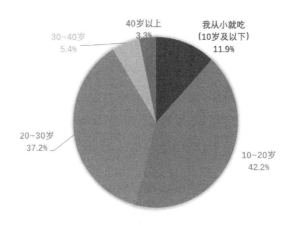

图 4-20　受访者首次食用槟榔时的年龄占比

虽然有接近 54% 的受访者曾经在生命中的某个时间点尝试过嚼食槟榔，但是嚼食槟榔成瘾的人仅占总样本量的 7.47%。也就是说，虽然多数人愿意尝试嚼一下槟榔，但由于槟榔的成瘾性较弱，因而长期嚼食槟榔的人并不是很多（见图 4-21）。

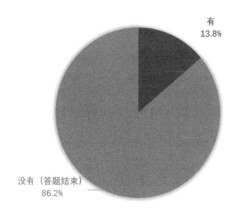

图 4-21 吃过槟榔的受访者是否有嚼食槟榔的习惯

有嚼食槟榔习惯的受访者来自图 4-22 所示地区（家乡）：

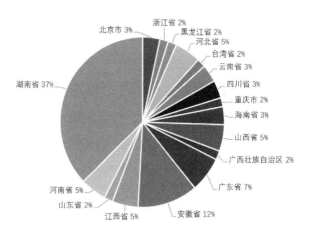

图 4-22 有嚼食槟榔习惯的受访者家乡所在地

其中，来自湖南省的最多，有 22 名，约占有嚼食槟榔习惯的受访者总人数的 37%；其次是安徽省，有 7 名；再次是广东省，有4名；河北省、山西省、江西省、河南省各有3名。这就说明了虽然湖南人仍是嚼食槟榔的绝对主力，但其他地方的人有嚼食槟榔习惯的也并不少。这说明嚼食槟榔的习惯在中国大陆已经呈现出了全面扩散的情况。槟榔的扩散也和中国人生活方式的变更有密切联系——职业压力越来越大，熬夜的人越来越多。

最后一道题（多项选择）谈及嚼食槟榔的原因，共有59位经常嚼食槟榔者予以了回答，如图4-23所示：

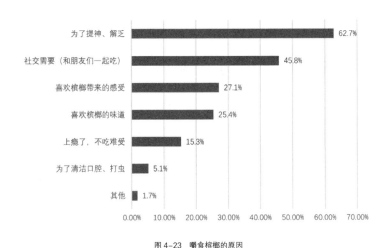

图4-23 嚼食槟榔的原因

排列在前三位的原因依次是"为了提神、解乏""社交需要（和朋友们一起吃）""喜欢槟榔带来的感受"；而"上瘾了，不吃难受"的选项只有15.3%的人选择，反映了槟榔并不是一种强成瘾性的嗜好品。能够让人形成嚼食槟榔习惯的原因，主要还是职业依赖和社交依赖。

槟榔嚼食者特别集中于客货运输司机、警察、保安、工厂夜班工人以及电子竞技从业者这些职业人群中。一些司机表示，由于需要长途驾驶，因而要找一些能提神的东西来帮助自己保持清醒。香烟、槟榔、咖啡或茶都是司机必不可少的提神物，但开车时吸烟不太安全，喝咖啡或茶又总需要上厕所，于是槟榔就成为司机们提神的首选。其他几种职业的受访者大致也持相同的看法，认为嚼食槟榔是职业需要，如警察、保安、夜班工人都需要长时间在夜间工作，而很多电子竞技从业者因工作性质生活作息不规律。在这些职业人群当中，嚼食槟榔的风气一旦在一个小圈子里形成了，就会相当稳定，社交圈子里的人很难自外于这种"嚼槟榔"的氛围。不过一旦槟榔嚼食者脱离了这样的社交圈子，戒除槟榔通常也不会太难。湖南籍和海南籍人士，如果是从小就开始嚼食槟榔的，那么戒除槟榔的难度就会比较大；而这些人通常也起着槟榔"扩散节点"的关键作用，一个社交圈子里嚼食槟榔的氛围，往往是由这些人带起来的。

第七节　槟榔在中国还能流行多久

中国与其他槟榔食俗流行地的情况有根本的差别，具体体现在两个方面：

其一，世界其他各地（南亚、东南亚和太平洋诸岛）的槟榔嚼食行为是深深地嵌入当地文化和社会生活中的，是一种长期的、有着不间断历史的民俗行为；而在中国大多数地区，嚼食槟榔是一种新兴的行为，与当地文化和社会生活并未产生紧密的联系。有记载的中国人吃槟榔的历史虽然至少可以上溯至西汉时期，但对于生活在湖南湘潭、海南和台湾以外的中国人而言，历史上传统的嚼食槟榔习俗已经消亡，现代的同类行为无法与其产生呼应。现代的槟榔流行更多是在全国人口流动的背景下产生的一种充满现代性的、适应都市快节奏生活的新行为。

其二，世界其他各地的槟榔生产、加工、流通基本上由无数零散的农民、小作坊、小商贩进行，而中国的槟榔生产、加工、流通等环节大都有大型的农民合作组织、品牌企业和全国性物流网络参与。这就导致世界其他各地的槟榔消费很难形成大规模产业，很难被政府所控制；而中国的槟榔产业已经形成了一定规模，由几家大型企业占据主要市场份额，物流渠道明晰可控，但中国的大部分国土不能生产槟榔，槟榔产品的加工和流通容易受限。

因此中国槟榔的流行趋势大致是可以被预测的，是能够被人为控制的；而世界其他各地更多见的那种农民自行摆个小摊，现切现包槟榔，街头巷尾叫卖的情况，是较难被干预的。若要预测中国未来槟榔流行的趋势，我们就要先从三个利益群体的角度来分析他们的利益和动机。

第一个群体是槟榔产业利益相关群体，以下简称"产业"。这里包括种植槟榔的农户（主要在海南），加工槟榔的企业（主要在湖南），与槟榔产业利益密切相关的地方政府，以及得到槟榔产业直接利益支持的媒体、广告等相关行业。这个利益群体肯定是希望槟榔的蛋糕越做越大的，因为这关系到他们的直接利益。

第二个群体是广大民众，以下简称"民众"。这里既包含了有嚼食槟榔习惯的民众，也包含了没有嚼食槟榔习惯的民众。民众对槟榔的认知总体来说是负面的，槟榔致癌的研究证据较为充分，相关的宣传报道也不少，有嚼食槟榔习惯的人几乎无人不知槟榔致癌的问题，即使是平时生活中不太接触到槟榔的一般民众，对于槟榔致癌这一说法也略有所知。虽然经常嚼食槟榔的民众通常也认为吃槟榔有损健康，浪费金钱，但往往贪图一时欣快而不能戒除，或者生理成瘾难以自拔，或者以"工作需要"为托词而自我放纵。无论是哪种类型的人群，都很难会说槟榔的好话，因此民众可能是最不希望槟榔产业扩张的利益群体。不过民众通常是一盘散沙的状态，在没有意见领袖的引导，或是没有组成积极社会团体的情况下，是很难持续关注槟榔的。虽然偶尔有一些公共讨论议程会提及槟榔问题，但是缺乏持续推进的动力。

第三个利益群体是公共管理机构，通常是指政府及与政府关联密切的事业单位，以下简称"政府"。这个利益群体对槟榔的态度是两面的。假如槟榔的销量受到影响，那么海南的数十万槟榔种植户将会损失惨重，而湖南的槟榔生产企业能够为当地政府贡献的税收必然也会大受影响，因此一些地方政府部门不希望看到槟榔流行被遏制。但是从全国政府的情况来看，槟榔引发的疾病会大幅增加政府在医疗卫生方面的支出，会影响劳动人口的健康水平，这会导致政府和多数百姓利益受损。另外，如果民众反对槟榔流行的意愿高涨，而政府又持放任态度，不采取措施限制槟榔流行的话，也会招致民众对政府的不信任和对政府不作为的不满，间接地增加管理的成本。因此公共管理机构是有较大的动力去遏制槟榔的流行的，而且中国政府可以通过官方媒体直接引导公共舆论的方向，从而形成反对槟榔流行的合力。

现在我们可以比较清楚地看到，产业和民众这两个群体的态度是比较明确的，而且也是几乎不可能被扭转的。槟榔产业群体希望利益扩大，而民众希望槟榔受到限制，这是基本的前提。最关键的就要看政府的态度了，如果政府倾向于控制，那么槟榔流行的势头则会很快受到遏制；如果政府倾向于放任，那么槟榔流行则会持续比较长的时间。

中国的情况与其他流行嚼食槟榔的地方有所不同。其他流行地，比如印度、斯里兰卡、印度尼西亚等，主要位于热带和亚热带，可以普遍种植槟榔，主要食用新鲜槟榔，种植户、小商贩可以很方便地经营槟榔生意，人群覆盖面广，网络密集复杂，很难控制。然而中国除台湾岛外仅有海南岛一处可以大规模出产槟榔鲜果，经营槟榔的主力是成规模的加工企业，无论是物流还是企业，都是很容易被政府管控的。因此政府态度上的"禁"与"弛"就成为中国槟榔流行与否的核心问题。

中国政府对槟榔流行会做出怎样的反应呢？笔者将从以下三种可能发生的情境来进行分析。

第一种情境是双向主动情境，简要地说，是槟榔产业积极扩张，而政府积极控制。

假如槟榔产业延续过去 20 余年间的做法，继续主动地扩散其影响力，大肆进行广告宣传，积极地铺货，那么这类行为很可能会招致民众的强烈反感，并引起政府部门的关注。政府部门很可能会将控制槟榔的传播排到议事日程上来，投入相当的资源对其进行控制。有可能由政府出台比较强硬的控制措施，限制槟榔的广告投放，并且有意识地控制槟榔企业的影响力。假如槟榔企业的利润上升速度过快，经济影响力过大，那么政府还有可能对其征收惩罚性的成瘾品税收，或者开列专项征收渠道。进一步来看，槟榔还有可能被纳入国家控制的成瘾品管理范畴，甚至由国家专营——参照对烟草企业的控制方法管理。这三个步骤即如下所示：

限制广告投放 → 惩罚性税收 → 国家专营

在这种双向主动的情境下，槟榔的传播会很快受到抑制，槟榔的流行会被国家控制在一个有限的范围内，很难重现过去 20 年间的大增长和流行。其实，这种情境已经被槟榔相关从业者预见并且警惕。湖南省槟榔食品行业协会在 2019 年 3 月 7 日发布了要求各槟榔企业主动撤下全部槟榔广告的文件，不过这项举措并未得到槟榔企业的有力执行；时至 2021 年年初，笔者仍然可以经常看到户外的槟榔广告宣传（见图 4-24 和图 4-25）。

假如槟榔企业继续这样大张旗鼓地扩大影响力，进行大范围的广告宣传，那么其结果就是引起公众的广泛关注，并招致政府

图 4-24　笔者于 2021 年 1 月在广州海珠区拍摄到的槟榔广告宣传

图 4-25　笔者于 2021 年 1 月在广州天河区拍摄到的槟榔广告宣传

的强力控制。对于槟榔从业者来说，这可能是最不利的一种情境。政府的强势干预可能会导致槟榔产业的大洗牌，甚至是崩溃，相关的从业人员可能会受到严重的冲击。

第二种情境是单向主动情境，简要地说，是槟榔产业不主动扩张，而政府积极控制。

假如槟榔企业能够严格遵守规定——正如湖南省槟榔食品行业协会发布的《关于停止广告宣传的通知》所要求的那样——不主动地寻求槟榔产业扩张，那么政府部门对槟榔企业的控制很可能就长期止步于这样一份行业协会的文件，而不会上升到法律层面。假如槟榔企业不能够很好地执行行业协会的规定，那么很有可能会出现类似禁止烟草广告那样的局面，即《中华人民共和国广告法》第二十二条规定的，"禁止在大众传播媒介或者公共场所、公共交通工具、户外发布烟草广告"。政府的反应很大程度上取决于槟榔企业的合作程度。

一个讲求治理效率的政府是按步骤行事的，当一件事情能够以较低的成本进行控制的时候，政府便不会有足够的动力将其提升到更耗费资源、更优先处置的位置。反言之，如果槟榔企业不主动地寻求扩张，那么政府即便有意识地对槟榔进行管控，这种管控的力度也不至于使市场主体难以承受。槟榔企业如果不主动地寻求扩张，吸引注意力，那么民众和政府对槟榔的关注度就不会太高。即使广大民众对槟榔较为反感，也难以利用相关议事日程设置手段对槟榔企业进行干预。即使政府有意识地积极控制槟榔的传播，这种控制也只会来得平稳而缓慢，这样一来，政府对槟榔产业的控制可能要拖延几十年的时间，与槟榔产业相关的从业者可以得到比较充裕的时间进行调整、转型，不至于使市场、民众和地方政府受到较大的冲击。这也是对三个群体来说都比较理想的一种情境。

不过政府积极控制槟榔产业扩张的动机并不充分。首先，我们要知道嚼食槟榔所产生的危害健康的疾病需要相当长的时间才会出现，而压制槟榔产业所产生的经济损失却是立竿见影的。海南有 70 多万的槟榔种植户，湖南有近 30 万的加工生产企业从业者，他们创造了数百亿的利润。在湖南湘潭和海南万宁这些地方，槟榔产业是当地经济的重要组成部分，也是纳税大户。这些对政府来说是当下更加值得关心的问题。另外，受益于槟榔产业的某些地方政府有充足的动力去推动槟榔产业的发展；而那些与槟榔产业没有太大关系的地方政府却没有充分的动机去阻挠槟榔的扩散，即使这些地方政府需要为槟榔的泛滥而支付额外的公共卫生开支，这部分额外支出的金额也不会很大。近 20 年来，槟榔的市场扩张得很厉害，在海南和湖南以外，很多地方都有少量的槟榔嚼食者，但这类人群并不十分集中，不足以引起政府足够的重视。

此处要特别说明的是，另一种单向主动的情境，即槟榔产业主动扩张，而政府不主动控制的局面已经不可能出现。从半官方性质的湖南省槟榔食品行业协会所发出的信号来看，政府已经有控制槟榔产业的意愿和动向，只是现在控制槟榔在政府议事日程上的优先级并不靠前，而政府也希望谨慎行事，避免引起市场的过度反应，因此才有行业协会所发出的这份带有一定试探性质的限制性文件。如果槟榔产业持续较快扩张，民众和政府不可能坐视不理。

第三种情境是双向被动情境，简要地说，就是槟榔产业不主动扩张，而政府也不主动控制。

这种情境出现的前提条件是槟榔产业不主动扩张，而民众也具有比较强的健康意识，对槟榔的传播比较警惕，槟榔产业保持现有消费规模而不出现过快的增长。这样一来，政府和民众限制槟榔消费的动机就不充分了，从而可能出现双向都不积极的状态。坦白地说，笔者认为这种情境出现的可能性是很小的。一方面，槟榔企业并不是铁板一块，总有一些企业希望趁机夺取其他企业的市场份额，那么就免不了要进行一些宣传和铺货的竞争。假设现在槟榔市场上有甲、乙两家槟榔企业，甲企业的市场份额比较大，因为担心受到过多的关注而引发政府的控制，因此不主动地宣传扩张；那么份额较小的乙企业就有可能去抢占甲企业的份额，主动进行一些宣传和铺货。总而言之，要所有企业都完全顾及大局，不争不抢，在中国现在的市场条件下几乎是不可能的。另一方面，中国民众的健康意识还不是特别强烈，具有潜在可能成为槟榔嚼食者的人非常多，即使不进行广告宣传，只要铺货覆盖到一定程度，槟榔产业的总产值就能够获得一定的增长。而且这些新增的槟榔嚼食者很可能出现在湖南和海南以外的省份，因为前两省的槟榔消费已经相当饱和了。而在其他那些省份，政府只会感受到可能增加的医疗卫生支出带来的巨大压力，却得不到槟榔产业在税收等方面带来的益处，于是会有很强烈的动机去控制槟榔的传播。

　　假使这种双向被动的情境真的出现了，那么槟榔消费市场会迎来什么样的变化呢？笔者推测，槟榔消费可能会出现与许多国家烟草消费相似的趋势，即"减量高价"。所谓"减量"，是指产量和消费群体都保持几乎不增长或者减少的情况，这种情况已经在许多国家的烟草消费中出现了；"高价"则是大幅度提高烟草产品的售价，从而使得烟草消费总量减少，但由于产品价格提高了，因此企业的销售金额和利润并不减少。槟榔如果也出现这种"减量高价"的情况，那么一方面槟榔的产量、相关的病例都不会出现显著的增加，相应地，引起的民众关注度就不会很高，政府的制约力度也不会太强；另一方面，由于产品价格的提升，槟榔企业仍然能够获得不错的销售金额和利润，甚至获利有所增加。这是一种对于槟榔企业来说最为有利的策略，然而这依赖企业相互之间配合良好，同业之间协调顾全大局，这样的局面在成熟的市场体系中才有可能出现。事实上，近几年来许多大型槟榔生产企业已经开始采取这种"减量高价"的策略，但在争夺市场份额、进行广告宣传方面却还做不到完全罢手。

　　不管未来发生的是以上哪种情况，槟榔都不太可能出现遍及全国的大流行，以及生产量和消费量的大幅度增长；目前的情况大致上就是槟榔在中国流行的巅峰状态。槟榔已经不可能像烟草、酒类那样获得大范围流行的机会，正如笔者在本章第一节中所阐述的那样，制造植物成瘾品大流行的"历史时间窗口"已经过去了。植物成瘾品大范围扩散的历史时间窗口仅出现在16世纪至20世纪中期，在这段时间以后，这扇窗口就永远地关闭了。

具体而言，槟榔的流行范围在未来不太可能进一步扩大，其原因有三。其一，人们对槟榔的需要是可以被完全替代的，客货运输司机、工厂夜班工人完全可以使用较为安全且廉价的含有咖啡因、牛磺酸的饮料来达到提神的效果。其二，历史上烟草、咖啡、茶叶曾经起到了维系世界殖民帝国贸易体系的效用，但如今的中国已经有了较为成熟的现代国内贸易体系，并不依赖槟榔来打通国内贸易的经络。其三，当代民众的受教育水平以及知识传播的速度远不是20世纪中期时所能及的。曾经，烟草致癌的知识耗费了20多年的时间才在全球范围内得到广泛的普及，中国在20世纪90年代末才开始形成"吸烟有害健康"的社会共识。而槟榔危害健康的知识在2013年7月一经报道，就迅速在国内形成了社会共识，并且在涉及"槟榔"的话题中被反复提及，形成了公共讨论的一致意见。

不过，对于健康的忧虑往往并不是阻碍人们享用植物成瘾品的充分条件，最为突出的例子就是酒精饮品和烟草制品，这两样东西对人体健康的危害程度绝不会比槟榔小，然而却比槟榔更加唾手可得，甚至遍及地球的各个角落。

国际癌症研究机构认定的致癌物涉及许多常见的食品和饮料，除了酒精饮品和烟草制品以外，还有烧烤和煎炸的食物

（含苯并芘），腌制的肉类和鱼类（含亚硝基化合物），不新鲜的谷物、蔬菜、肉、蛋、奶（含黄曲霉毒素、亚硝酸盐），等等。人们会因此而放弃一享欢畅的口腹之欲吗？这显然是不可能的。很多人认为，人生有太多的不可预测，还不如享受眼前的片刻欢愉时光。酒精饮品早已深深地嵌入人类的文化和社会生活之中，家庭聚会、社交娱乐、仪式庆典等各种场合都少不了酒，其地位如此之重要，以至于无法被禁止。美国曾经在1920年至1933年间实施过全国性的禁酒令，其结果是酒精饮品交易地下化，滋生了规模庞大的黑市贸易和大量的黑帮，导致犯罪活动猖獗，政府公职人员受到严重腐化。美国国会无奈在1933年终止了这项"禁酒实验"，彻底废除了禁酒令，而这场带来恐怖影响的社会实验也是给全人类的一次深刻教训。与人类文化和社会活动牢牢绑定的一系列习俗，无论其健康与否，都不能简单地以一刀切的办法加以禁止，其牵连范围之广是立法者所无法想象的，其后果之严重是任何社会都不愿也无力承担的。

除了文化上的嵌入以外，酒精饮品、烟草制品和槟榔食品都与经济有着莫大的关联，其中最突出的莫过于烟草，中国烟草公司在2019年实现税利总额12 056亿元[74]，当年全国税收收入为157 992亿元[75]，烟草的税利总额约占全国税收收入的7.6%。规模在400亿元左右的槟榔产业对于国民经济的重要性还远不及烟草产业，但也足以影响槟榔产业300万左右的从业人口。槟榔产业给海南、湖南等省的地方经济发展带来的好处是有目共睹的，尤其是在近 10 年的时间里，槟榔产业的发展的确帮助许多海南农户脱贫致富。如何在维护公众健康和发展经济中间找到一个妥当的平衡点，是摆在政策制定者乃至当代中国人面前的一个大问题。

后　记

　　本书写成于 2021 年年初，那时候，虽然已经有了湖南省槟榔食品行业协会 2019 年 3 月 7 日的文件，要求各槟榔企业主动撤下全部的槟榔广告，但显然这样一纸行业协会的、不带有强制约束力的文件，不足以使得槟榔企业自觉收手广告投放。在市场的巨大诱惑面前，一些企业可能反而觉得这是一个大肆抢夺市场份额的好机会，继续肆无忌惮地投放广告，这种行为最终成功地吸引了政府和广大公众的注意力，以至于在 2021 年下半年形成了阻遏槟榔产业继续扩张的巨大合力。

　　本书在最后一节中分析了当代槟榔产业面临的三种可能发生的情境，分别是槟榔产业积极扩张，政府积极控制；槟榔产业不主动扩张，政府积极控制；槟榔产业不主动扩张，政府也不主动控制。以现在的情况来看，第一种情境已经发生了。

　　2021 年 9 月 17 日，国家广播电视总局办公厅发布了《关于停止利用广播电视和网络视听节目宣传推销槟榔及其制品的通知》，"广电总局决定，自即日起，停止利用广播电视和网络视听节目宣传推销槟榔及其制品"。这次强力的行政举措进一步激起了公共舆论空间对槟榔致癌问题的广泛讨论，而政府将来也很可能进一步出台限制槟榔产品的新举措。笔者在本书最后一节中提出的，未来有可能对槟榔实施控制的三个步骤"限制广告投放 → 惩罚性税收 → 国家专营"中的第一步已经实现了。既然槟榔行业并不能进行自我约束，那么政府的强势介入也就顺理成章。原本在控制槟榔产业过分扩张的议程上，槟榔企业和行业协会是占有一定主导权的，但经过这次的事件，槟榔产业未来的命运完全视乎将来政府的举措。这次的"槟榔广告禁令"，是政府首次在全国范围内对槟榔产业行使强制手段，标志着政府已经启动了限制槟榔产业的议程，未来可能有更多的限制手段陆续跟进，槟榔市场将会无可挽回地面临萎缩。笔者认为，这一事件意味着，从 20 世纪 90 年代开始的槟榔扩张之路，到今年算是彻底到头了，2021 年是一个重要拐点，从今年开始，槟榔市场应该只有萎缩一途。

虽然槟榔产业内部早有有识之士认识到槟榔产业只有"闷声"才能够继续"发大财"，但产业内部的无序竞争最终还是把事情推向了无可挽回的境地。既然做不到"闷声"，那么连继续"发财"也终归是不可能的了。

对于这次"槟榔广告禁令"的出台，笔者的个人感受是既高兴，又惋惜。

感到高兴的是，槟榔作为一种无可置疑的成瘾品、致癌物，终于在中国受到了应有的限制；千千万万的人得以免于槟榔导致的口腔疾病的痛苦，这无疑大大地增添了人类的福祉。我们的政府能够把全体人民的健康，置于保部分人的市场、保部分人的就业之前，是很让人欣慰的事情。

感到惋惜的是，槟榔产业作为中国诸多行业的一个代表，它的无序竞争，其实也是中国企业之间无序竞争的一个缩影。虽然行业内早有清醒的声音呼吁槟榔企业不要再进行广告宣传，但终究无济于事，没能改变行业内部的野蛮倾轧，也没能挽回整个行业把自己"作"死的命运。这是一件很可悲的事情，而且更可悲的是这类事情不仅仅发生在槟榔行业，我国各行各业屡屡发生同类事件，其中最显著的莫过于 2008 年的三聚氰胺事件，使得全国乳品行业大受打击，至今未能完全恢复。

自 20 世纪 90 年代至今，30 年间，伴随着中国经济的高速发展，也伴随着卡车司机、夜班工人创造财富的激情，槟榔从湖南一隅的湘潭，迅速扩张到全国范围内的大流行。这是一段让所有中国人都难以忘怀的"激情岁月"，也注定是槟榔在中国漫长历史中光彩夺目的 30 年。令人"上头"的槟榔，陪伴着中国人度过了这段"上头"的激荡岁月。但槟榔的历史使命也应该止步于此，毕竟健康平和才是激情褪去后的持久追求。

槟榔伴随中国人已有两千多年的时光，其间经历过四次大起和三次大落。

槟榔的第一次大起，大概是在东汉末年的时候，那时候伴随着北方战乱，大量汉族移民南迁，槟榔被认为是具有辟除瘴疠作用的神药，被赋予异名"洗瘴丹"，用于为南迁移民壮行。第二次大起，是在东晋末期，槟榔作为一种来自南方的神奇药材，被赋予了诸多美好的文化想象——"森秀无柯""调直亭亭""千百若一"，为建康的士族所推崇，在东晋以降的宋、齐、梁、陈四朝都有着非凡的象征意味。第三次大起，是在清代，由于多位清朝皇帝有着食用槟榔的习惯，槟榔在满洲贵族之间一度极为盛行，是吃着"铁杆庄稼"的旗人饭后消食、日常解乏、消磨时光的好伴侣。第四次大起，是在当代，自20世纪90年代开始，原本萎缩到只有湘潭一地的干制槟榔领地，在国内经济增长突飞猛进的背景下，迅速扩张到全国范围，槟榔乘着资本、市场、媒介的东风扶摇直上，在短短30年的时间里扩散到在以往的历史中几乎未曾到达过的极西和极北边陲。

槟榔的第一次大落，是在隋灭陈之后，伴随着南朝贵族的没落，槟榔作为一种严重依赖贵族消费的奢侈品，也逐渐失去了市场，在整个隋唐时期几乎被中原人所淡忘。第二次大落，是在第一次鸦片战争之后，鸦片战争给中国带来的是"千年未有之大变局"，给岭南人带来的更是天崩地坼的巨变。鸦片输入、白银外流、生活方式西洋化，槟榔逐渐在两广和福建失去了原来的地位，而仅仅在海南和台湾两处产地依旧传承。第三次大落，很可能就是当下正在发生的事情。在政府的强力干预下，也许再过几十年，槟榔又会回到它扩张的原点，在海南、台湾和湘潭之外，几乎无人识得此物。

在最近的公共舆论空间里，笔者经常听到一种声音，说槟榔在土耳其、加拿大等国是被严格限制的，几乎与"毒品"同列，因而认为中国也应当采取类似的态度对待槟榔。私认为这种声音过于极端了，而且忽视了槟榔在中国历史和文化中的特别地位。槟榔对于土耳其、加拿大等国来说，完全是一种异域物产，这些国家在历史上几乎没有接触过槟榔，对这样一种既无根基，又会造成健康风险的物品，采取断然拒斥的态度是可以理解的。

然而中国人认知并且利用槟榔已经有两千多年的历史了，槟榔虽然并不是中原物产，但几乎也可以算作一种"本土作物"。东汉时期的广州下渡人杨孚，是最早使用"槟榔"二字的人。在他的时代，岭南人就已有嚼食槟榔的习惯，食用方法与今海南无二，将新鲜槟榔与蚌灰、蒌叶同嚼。从汉代到清末的两千多年，岭南地方（广东、广西、海南）的人们一直是槟榔的忠实拥趸；日常嚼食，待客首礼，婚俗必备，槟榔已经深深融入了岭南人生活的各个方面。虽然嚼食槟榔的习俗在清末以后已经鲜见于珠三角地带，但在两广的部分乡村和海南的绝大多数地方，槟榔仍然在社会文化生活中占有相当重要的地位。除了民俗以外，槟榔在中国文学中也有重要地位，历代多有关于槟榔的名句和典故，比如苏东坡诗中的"可疗饥怀香自吐，能消瘴疠暖如薰"，唐诗中常用的"一斛槟榔"的典故，等等。

2020年新冠肺炎疫情正盛之时，国家卫生健康委办公厅曾经发布过好几版"新型冠状病毒肺炎诊疗方案"，其中赫然可见"槟榔"，许多人对此颇有异议，认为致癌物槟榔不应该作为推荐处方药材。其实将槟榔作为防疫用药，想必是基于明末名医吴有性"达原饮"的辨证思路。从中医药的角度来看,槟榔是一味常用药材,中医许多验方中都有槟榔,以槟榔作为君药治疗瘟疫并无不妥。须知一味药之所以成为药,正是由于其"偏性"大,若其"偏性"不大,则与寻常食物何异?"食"与"药"不可同日而语,俗语说"是药三分毒",正是说药物的"偏性"大,故而能治病。槟榔也是同理,作为药物的槟榔不可与食物等同视之,且如宝钗语:"一个药也是混吃的?"

天生万物,本无善恶,所谓"毒品",毒在人心。槟榔当今被冠上的许多坏名声,实属代人受过。一串串青果子好好地挂在树上,谁让你去嚼了?又是谁把它烤干了装在包装袋里卖到全国各个角落?是谁在广告里怂恿人吃一颗?那是资本,是市场,归根到底,是人做的事情,槟榔何言哉?

文献回顾

　　本书讨论的关于槟榔的种种问题，其中有一些已经被国内外的学者关注过。社会科学界对槟榔的现有研究，大致上分布在几个学科领域。首先是人类学领域，传统人类学研究重要的观察对象是"未接触部族"，所谓"未接触部族"是指未与现代文明接触的原始部落，这些现存的遗世部落已经很少了，他们大多数生活在亚马孙和巴布亚新几内亚的丛林中，以及太平洋的孤立岛屿上。这些部落传承着古老的未经混血的基因，有着适应原始自然环境的独特能力，保存着独特的社会结构和生存模式。他们是人类生态多样性的珍贵财富，也是人类社会史前发展形态的活标本。巴布亚新几内亚和太平洋岛屿上的许多社群本来就有嚼食槟榔的习俗，因此在考察传统人类学研究的重点地区时，很多研究者注意到了嚼食槟榔的问题，不过专门以嚼食槟榔为研究主题的论文还不是很多。

　　通览性地以人类学视角关注槟榔的各种社会属性，尤其是槟榔与婚姻礼俗之间关系的，有 Anthropological perspectives on use of the areca nut［S. S. Strickland, *Addiction Biology*, 2002 (7), pp. 85-97］；关注太平洋岛屿原住民嚼食槟榔习惯的有 'We Blacken Our Teeth with Oko to Make Them Firm': Teeth Blackening in Oceania［Thomas J. Zumbroich, *Anthropologica*, 2015 (57), pp. 539-555］；关注巴布亚新几内亚居民嚼食槟榔习惯的有 From Bones to Betelnuts: Processes of Ritual Transformation and the Development of 'National Culture' in Papua New Guinea［Eric Hirsch, *Man (New Series)*, 1990(25), pp. 18-34］。需要注意的是，在 20 世纪 90 年代以前，几乎没有专门的关于嚼食槟榔的文章和著作，有一些人类学家的宏观的、整体性的著作当中会有一两个片段提及槟榔，不过当时人类学还没有以具体的"物"作为民族志写作对象的先例，直到人类学家西敏司在 1985 年出版《甜与权力——糖在近代历史上的地位》，人类学界才开始拥有"物"的民族志的范例。人类学领域以槟榔作为研究对象的文章大约始于 20 世纪 90 年代，到了 2000 年以后才逐渐丰富起来。

美国人类学家托马斯·J. 赞伯伊齐是西方人类学界专门研究嚼食槟榔的学者，他有一篇文章非常翔实且系统地梳理了嚼食槟榔的起源和扩散，即 The origin and diffusion of betel chewing: A synthesis of evidence from South Asia, Southeast Asia and beyond［Thomas J. Zumbroich, *E-Journal of Indian Medicine*, 2007-2008(1), pp. 87-140］，这篇文章很周到地考察了南亚、东南亚和太平洋诸岛的嚼食槟榔习俗，同时也结合了中国史籍《林

邑记》和《史记》讨论了岭南地方的槟榔嚼食情况。他所写的关于嚼食槟榔的文章还有 'The missī-stained finger-tip of the fair' : A cultural history of teeth and gum blackening in South Asia[Thomas J. Zumbroich, *E-Journal of Indian Medicine*, 2015(8), pp. 1-32]，这篇文章关注的是南亚地区的嚼食槟榔习俗；'Nivazana tsy aseho vahiny'—'Don't show your molars to strangers'—Expressions of teeth blackening in Madagascar [Thomas J. Zumbroich, *Ethnobotany Research & Applications*, 2012(10), pp. 523-540]，这篇文章关注的是马达加斯加岛的嚼食槟榔习俗；'When Black Teeth Were Beautiful'—The History and Ethnography of Dental Modifications in Luzon, Philippines [T. J. Zumbroich, *Studia Asiatica*, 2009(10), pp.125-169]，这篇文章关注的是吕宋岛的嚼食槟榔习俗。以上文章对嚼食槟榔的讨论是从以染黑牙齿为文化表现的视角出发的，嚼食槟榔虽非染黑牙齿的唯一原因，但也是一种比较主要的因素。

英文文献中，其他人类学家从人类学视角研究南亚地区某个特定区域的嚼食槟榔习俗的文章有 The Use of Betel in Ceylon [C. J. Charpentier, *Anthropos*, 1977(72), pp. 108-118]，这篇文章关注的是斯里兰卡的嚼食槟榔习俗；Betel Leaf and Betel Nut in India: History and Uses [S.C.Ahuja, V.Ahuja, *Asian Agri-History*, 2011(15), pp. 13-35]，这篇文章主要考察槟榔在印度历史中的线索；Betel chewing in kāvya literature and Indian art（Hermina Chielas, *A World of Nourishment Reflections on Food in Indian Culture*, 2016, Consonanze, pp.163-174），这篇文章主要分析古印度诗歌中的槟榔。

研究东南亚和太平洋地区某个特定区域的嚼食槟榔习俗的文章有 Betel-Chewing in Vietnam: Its Past and Current Importance［Nguyên Xuân Hiên, *Anthropos*, 2006(101), pp. 499-518］，这篇文章关注的是越南的嚼食槟榔习俗；Traditions of the Tinguian: A Study in Philippine Folklore［Fay-Cooper Cole, *Field Museum of Natural History (Anthropological Series)*, 1915(14), pp. 1, 3-226］，这篇文章关注的是菲律宾诸岛的嚼食槟榔习俗，尤其注重神话传说中出现的槟榔；Betel, 'Lonely Heroes' and Magic Birth in the Philippines and Beyond: Comparative Mythology, Field Work and Folklore Corpora (Maria V. Stanyukovich, *Sources of Mythology: Ancient and Contemporary Myths*, 2014, pp.179-206），这篇文章也考察了槟榔与菲律宾神话传说之间的关系；The Prehistoric Chewing of Betel Nut (Areca catechu) in Western Micronesia（S.M. Fitzpatrick, G. C. Nelson, R.Reeves, *People and culture in Oceania*, 2003, pp.55-65），这篇文章属于考古学的范畴，主要依据密克罗尼西亚地区的一系列考古发现来追踪嚼食槟榔习俗的线索。

中国人类学界关于槟榔的研究始于中山大学。早在 1928 年，中国人类学先驱杨成志先生，在受中山大学和中央研究院委派前往云南调查少数民族状况的过程中，就曾对越南嚼食槟榔的习俗和源流进行过介绍与考证（杨成志，《槟榔传说——流行安南》，载于《民俗》1928 年第 23 期；刘昭瑞，《杨成志文集》，中山大学出版社 2004 年版）。1929 年，当时在中山大学旁听的容媛在顾颉刚、钟敬文主编的《民俗》上发表了多篇关于槟榔的文章（例如，容媛，《槟榔的历史》，载于《民俗》1929 年第 43 期）。容媛的研究对象主要是她的家乡东莞的槟榔，这也是最早的对岭南槟榔的现代学术研究。此后中山大学在槟榔研究领域沉寂了很长的一段时间。进入 21 世纪以后，笔者的老师周大鸣重新开启了这一研究领域，关注的对象转为湘潭的槟榔。周大鸣和李静玮合作发表了文章《成瘾消费品的多重身份——以湖南湘潭槟榔为例》（载于《民俗研究》2011 年第 3 期）、《地方社会孕育的习俗传说——以明清湘潭食槟榔起源故事为例》（载于《民俗研究》2013 年第 2 期）；还有周大鸣的独著文章《湘潭槟榔的传说与际遇》（载于《文化遗产》2020 年第 3 期），李静玮的独著文章《都市衰落与食俗变迁——1912 年—1948 年的湘潭槟榔》（载于《湘南学院学报》2010 年第 6 期）。笔者的同门申琳琳和张恩迅，近年来也发表过一些关于湘潭槟榔的人类学文章，如申琳琳的《湘潭槟榔行业的文化建构与资本转换》（载于《文化遗产》2020 年第 3 期），张恩迅和申琳琳合作的《瘴气、瘟疫与成瘾：地方社会变迁中槟榔食俗的传播与重构》（载于《民俗研究》2021 年第 1 期）。周大鸣是湖南湘潭人，李静玮、申琳琳、张恩迅三位同门也都是湖南人，研究的对象也是很有湖南地方特色的干制槟榔——在世界上以这种方式消费槟榔是绝无仅有的，这也意味着中国的槟榔研究在全世界的槟榔研究中是一个"异数"。如果说"世界的"槟榔几乎都是与蒌叶和石灰混嚼的，那么"中国的"槟榔不但在食用方式上，也在文化习俗上完全独立了出来，是一个极具研究价值的"特例"。

中文社会科学学术成果中关于槟榔的研究大多是遵循历史学的学术规范的。中国史学界有很多关于槟榔的研究成果，比较早的有广东外语外贸大学林明华发表的《我国栽种槟榔非自明代始——对〈中越关系史简编〉一则史实的订正》（载于《东南亚研究资料》1986年第3期），《槟榔与中越文化交流》[载于《东南亚学刊（试刊号）》1989年]；后有台湾"中央研究院"历史语言研究所林富士发表的《槟榔入华考》（载于《历史月刊》2003年第7期），《槟榔与佛教》（载于《"中央研究院"历史语言研究所集刊》第八十八本第三分，2017年9月）。另外，陈良秋和万玲合作的《我国引种槟榔时间及其它*》（载于《中国农村小康科技》2007年第2期），曹兴兴的《中国古代嗜好性作物研究》（西北农林科技大学2011年硕士学位论文）中也有部分内容涉及槟榔。以历史地理学角度交叉民族学理论讨论槟榔的有郭声波和刘兴亮合作发表的《中国槟榔种植与槟榔习俗文化的历史地理探索》（载于《中国历史地理论丛》2009年第4期）。上述文章基本上已经把中国历史文献中有关槟榔的资料梳理清楚了，也给笔者提供了重要的参考。

以民族学学科范式，主要考证历史文献来研究中国关于槟榔的各种文化礼俗的文章也不少，有王四达的《闽台槟榔礼俗源流略考》（载于《东南文化》1998年第2期），司飞的《珠江三

---

* 原题名如此，此处"它"应为"他"。——编者注

角洲地区的槟榔礼俗源流考略：兼论晚清槟榔在此地区的多种用途》（载于《中国农史》2006年第3期）；郭联志的《闽东南的嚼槟榔习俗》（载于《闽台文化交流》2006年第1期），刘莉的《海南疍家的陆地印记：从食槟榔习俗谈起》[载于《广西民族大学学报（哲学社会科学版）》2014年第5期]；郭硕的《六朝槟榔嚼食习俗的传播：从"异物"到"吴俗"》[载于《中南大学学报（社会科学版）》2016年第1期]。另外还有三篇主要以中国历史文献来研究东南亚槟榔文化的文章：王元林和郑敏锐的《东南亚槟榔文化探析》（载于《世界民族》2005年第3期），陈鹏的《东南亚的荖叶、槟榔》（载于《世界民族》1996年第1期），吴盛枝的《中越槟榔食俗文化的产生与流变》[载于《广西民族学院学报（哲学社会科学版）》2005年第S1期]。这些文章对中国和东南亚各个地方有关槟榔的礼俗已经调查得比较清楚了，但是尚缺乏一种对比的视角——为什么槟榔在此地与彼地会有不同的礼俗？这种差异是不是意味着在槟榔传播过程中发生了一些文化上的选择，或是存在时间上的接续？

在以上列举的槟榔相关研究文献中，关于嚼食槟榔的史前史，也就是槟榔的起源和早期扩散方面，赞伯伊齐的文章分析得比较清楚。中国槟榔的起源和早期扩散方面，林富士、林明华两人的作品基本上梳理得比较清楚。其余的文章都是关于槟榔在某一地区或某一方面的研究，比如槟榔在湘潭、槟榔在粤桂、槟榔在闽台等，再如槟榔与染黑牙齿的习俗、槟榔与婚俗以及其他礼俗等。从时间上来看，现有研究中关于槟榔在中国的历史线索是不太连贯的，两汉、南朝、唐、晚清这几个时间段的史料分析得比较周详，魏晋、隋、宋、元、明及近代这几个时间段的史料就比较简略了。这样就给人造成了一种印象，即槟榔在中国的历史线索中是一个断断续续出现的东西。其实并不是这样的，近代以前岭南地区嚼食槟榔的传统从来就没有断过，只是岭南与中国其他地方的贸易通路因为各种原因时有中断，以至于槟榔时不时又被以中原为中心视角的古代史家重新"发现"一下。

广州一直是槟榔历史书写的核心区域，给槟榔命名的东汉杨孚是广州下渡村人，历代描述岭南风物的文献也多取材于广州附近，或在广州写成、刊印。明末清初的屈大均搜集了大量关于槟榔的资料，他是广东番禺人；清代撰写第一本槟榔相关著作《槟榔谱》的是赵古农，也是广东番禺人。番禺是广州府城的附郭县，屈大均和赵古农居住和活动的核心区域都在今广州市内。民国以后，中山大学成为岭南的学术中心，首先以现代学术规范记录关于槟榔的民俗和历史的，是杨成志和容媛。杨成志是广东海丰人，毕生在中山大学任教；容媛是广东东莞人，曾在中山大学旁听，并于 1929 年在顾颉刚和钟敬文主编的《民俗》杂志中的《槟榔专号》上发表了文章。笔者的槟榔研究受到导师周大鸣教授的很大启发，周老师是湖南湘潭人，一直有嚼槟榔的习惯，他自 1981 年在中山大学毕业后留校执教，至今已有整整 40 年了。笔者在广州写成这本关于槟榔的小书，可以说既是 2 000 多年来的岭南先贤在冥冥中的召唤，也是身为岭南学人的传承与使命。

注　释

第一章　从黑齿国到孔雀王朝和阿拉伯：全球史中的槟榔

1 Thomas J. Zumbroich, "The origin and diffusion of betel chewing: A synthesis of evidence from South Asia, Southeast Asia and beyond," *E-Journal of Indian Medicine*, 2008, 1 (3), pp.87-140.

2 A. Pawley, "The Austronesian dispersal: Languages, technologies and people." In Bellwood P.S., Renfrew C. (eds.). *Examining the farming/language dispersal hypothesis*. McDonald Institute for Archaeological Research, University of Cambridge, 2002, pp. 251-273.

3 Peter Bellwood, "The Austronesian Dispersal and the Origins of Languages," *Scientific American*, July 1991, pp. 88-93.

4 连照美：《台湾东部新石器时代卑南文化》，《历史月刊》1989 年第 21 期，第 94—101 页。

5 Thomas J. Zumbroich, "To strengthen the teeth and harden the gums: Teeth blackening as medical practice in Asia, Micronesia and Melanesia", *Ethnobotany Research & Applications*, 2011 (9), pp.97-113.

6 贾欢欢：《浅谈日本黑齿习俗的起源》，《青年文学家》2016 年第 6 期，第 194 页。

7 ［刘宋］范晔：《后汉书·东夷列传》，［2020-02-22］，https://ctext.org/hou-han-shu/dong-yi-lie-zhuan/zh。

8 刘育玲：《台湾原住民族矮人传说研究》，博士学位论文，台湾东华大学，2015。

9   臧振华:《再论南岛语族的起源与扩散问题》,《南岛研究学报》2012 年第
     3 卷第 1 期。

10   梁钊韬:《西瓯族源初探》,《学术研究》1978 年第 1 期。

11   Ward Hunt Goodenough, "Prehistoric Settlement of the Pacific," *Transctions of the American Philosophical Society*, 1996, 86, pp. 127-128.

12   Thomas J. Zumbroich, "The origin and diffusion of betel chewing: A synthesis of evidence from South Asia, Southeast Asia and beyond," *E-Journal of Indian Medicine*, 2008, 1 (3), pp. 87-140.

13   Dipavaṃsa 6.4, 6.10. Law, B. C. (1959): The Chronicle of the Island of Ceylon or the Dipavamsa, a historical poem of the 4th c. A.D. ed. with an introduction by B. C. Law. *Ceylon Historical Journal*, Colombo, p. 170.

14   Mahāvaṃsa: The great chronicle of Ceylon 5.75; Wilhelm Geiger (1912), London: Publication for the Pali Text Society, p. 32.

15   [东晋]法显:《佛国记》,龙溪精舍丛书本,[2020-02-17],https://ctext.org/wiki.pl?if=gb&chapter=962864。

16   Mahāvaṃsa: The great chronicle of Ceylon 30.18-19; Wilhelm Geiger, (1912), London: Publication for the Pali Text Society, p. 199.

17   Suśruta saṃhitā, Cikitsāsthāna 24.21-23; Bhishagratna, Kunja Lal (1911), Calcutta, An English translation of the Sushruta samhita, based on original Sanskrit text, p. 483.

18   Caraka saṃhitā, Sūtrasthāna 5.76-77; Shree Gulabkunverba Ayurvedic Society (1949), K K Pressri Gulabunverba Ayurvedic Society Jamnagar, p. 33.

19   [唐]冥详:《大唐故三藏玄奘法师行状·卷一》(《大正新修大藏经》第 50 册,第 2052 辑),第 216 页,https://cbetaonline.cn/zh/T50n2052。

20   Louis Lewin, *Phantastica: A Classic Survey on the Use and Abuse of Mind-Altering Plants*, New York: Simon and Schuster, 1998, p. 264.

21   David Waines, *The Odyssey of Ibn Battuta: Uncommon Tales of a Medieval Adventurer*, London: Bloomsbury Publishing, 2010, pp. 88-89.

22   Pisa Polo Marco, *The Travels of Marco Polo/Book 3/Chapter 21*, Library of Alexandria, retrieved at 03/04/2021, https://en.wikisource.org/wiki/The_Travels_of_Marco_Polo/Book_3/Chapter_21.

23   Garcia de Orta, footnote 4.0 4.1 in *The Travels of Marco Polo/Book 3/Chapter 21*, Library of Alexandria, retrieved at 03/04/2021, https://en.wikisource.org/wiki/The_Travels_of_Marco_Polo/Book_3/Chapter_21.

24   Letter of Fr E. Morais to the Jesuits of Coimbra, Colombo, 28 November 1552.

Translation adapted from that of Fr V. Perniola in *The Catholic Church in Sri Lanka: The Portuguese Period,* Volume 1, 1505-1565(Dehiwala, 1989), pp. 318-26. The Portuguese original of this letter was published in Josef Wicki, SJ,(ed.), *Documenta Indica* (Rome, 1948-79) vol. II, pp. 425-438.

25   Chandra R. de Silva, *Portuguese Encounters with Sri Lanka and the Maldives: Translated Texts from the Age of the Discoveries*, Routledge, 2017, p.260.

26   V. Raghavan, H.K. Baruah, "Arecanut: India's popular masticatory — History, chemistry and utilization, " Economic Botany, 1958(12), pp. 315-325.

27   Dawn F. Rooney, *Betel chewing traditions in South-East Asia*, Oxford University Press, 2008，p.40.

28   James E. Tennent, *An Account on the Island, Physical, Historical, and Topographical with Notices of its Natural History, Antiquities and Productions*, Volume 1 (5th ed.), London, Longman, Green, Longman & Roberts, 2004, pp.112-115, 438-439.

29   蔡佳册：《被遗忘的槟榔"白历史"》，［2021-04-06］，https://www.newsmarket.com.tw/areca-betel-nut/post-01。

30   缪启愉、邱泽奇：《汉魏六朝岭南植物志录辑释》，农业出版社，1990，第42页，第114页。

第二章 从驱瘴之药到魏晋风流：槟榔进入中国

1   ［西汉］司马迁：《史记·南越列传》，［2020-02-20］,https://ctext.org/library.pl?if=gb&file=79553&page=2。

2   ［唐］阙名：《三辅黄图》，四部丛刊三编本。

3   王玉清、陈值：《陕西韩城芝川汉扶荔宫遗址的发现》，《考古》1961 年第3 期。

4   李亦园：《东南亚民族与文化——写在东南亚艺术展之前》，《艺术家》1980 年第 8 期。

5   林惠祥：《南洋马来族与华南古民族的关系》，《厦门大学学报（哲学社会科学版）》1958 年第 1 期。

6   凌纯声：《南洋土著与中国古代百越民族》，《学术季刊》1954 年第 3 期。

7   杨式挺：《试从考古发现探索百越文化源流的若干问题》，《学术研究》1982 年第 1 期。

8   ［东汉］班固：《汉书·高帝纪》，［2020-02-20］，https://ctext.org/han-shu/gao-di-ji/zhs。

9　［西汉］刘安:《淮南子·人间训》,［2020-02-20］,https://ctext.org/huainanzi/ren-xian-xun/zhs。

10　宋亦箫:《"番禺"得名于"蕃商侨寓"考》,《中山大学学报(社会科学版)》2019年第1期。

11　［西汉］司马迁:《史记·秦始皇本纪》,［2020-02-20］,https://ctext.org/shiji/qin-shi-huang-ben-ji/zhs。

12　［西汉］司马迁:《史记·南越列传》,［2020-02-20］,https://ctext.org/shiji/nan-yue-lie-zhuan/zhs。

13　［西汉］司马迁:《史记·淮南衡山列传》,［2020-02-20］,https://ctext.org/shiji/huai-nan-heng-shan-lie-zhuan/zhs。

14　［西汉］司马迁:《史记·南越列传》,［2020-02-20］,https://ctext.org/shiji/nan-yue-lie-zhuan/zhs。

15　［东汉］班固:《汉书·郦陆朱刘叔孙传》,［2020-02-20］,https://ctext.org/han-shu/li-lu-zhu-liu-shu-sun-zhuan/zhs。

16　［西汉］司马迁:《史记·南越列传》,［2020-02-20］,https://ctext.org/shiji/nan-yue-lie-zhuan/zhs。

17　［东汉］王充:《论衡·率性》,［2020-02-20］,https://ctext.org/lunheng/lv-xing/zh。

18　［东汉］班固:《汉书·郦陆朱刘叔孙传》,［2020-02-20］,https://ctext.org/han-shu/li-lu-zhu-liu-shu-sun-zhuan/zhs。

19　广州市文物博物馆学会"南越史研究小组":《赵佗与南越国——关于赵佗入越几个问题的思考》,《广州文博》2010年第1期。

20　［西汉］司马迁:《史记·南越列传》,［2020-02-20］,https://ctext.org/shiji/nan-yue-lie-zhuan/zhs。

21　［北魏］郦道元:《水经注·卷三十七·叶榆河》,［2020-02-20］,https://ctext.org/text.pl?node=570399&if=gb&remap=gb。

22　西汉南越王博物馆:《"右夫人玺"金印》,［2020-02-20］,https://www.gznywmuseum.org/yx/89.jhtml。

23　［西汉］司马迁:《史记·南越列传》,［2020-02-20］,https://ctext.org/shiji/nan-yue-lie-zhuan/zhs。

24　［东汉］班固:《汉书·西南夷两粤朝鲜传》,［2020-02-20］,https://ctext.org/han-shu/xi-nan-yi-liang-yue-zhao。

25　［东汉］班固:《汉书·武帝纪》,［2020-02-20］,https://ctext.org/han-shu/wu-di-ji。

26　［西汉］司马迁:《史记·平准书》,［2020-02-22］,https://ctext.org/shiji/

ping-zhun-shu/zhs。

27 〔刘宋〕范晔:《后汉书·循吏列传》,〔2020-02-22〕,https://ctext.org/hou-han-shu/xun-li-lie-zhuan/zhs。

28 吴永章:《异物志辑佚校注》,广东人民出版社,2010,第9页。

29 〔北魏〕贾思勰:《齐民要术·卷十》,四部丛刊景明钞本,第137页。

30 同上,第141页。

31 〔东汉〕张仲景:《金匮要略·杂疗方》,〔2020-01-30〕,https://ctext.org/jinkui-yaolue/23/zh。

32 〔明〕李时珍:《本草纲目·果之三》,〔2020-01-30〕,https://ctext.org/wiki.pl?if=gb&chapter=346。

33 张春江、吕飞杰、陶海腾:《槟榔活性成分及其功能作用的研究进展》,《中国食物与营养》2008年第6期。

34 〔唐〕刘恂:《岭表录异·卷上》,清光绪二十五年广雅书局刻武英殿聚珍版从书本,第6页。

35 〔刘宋〕范晔:《后汉书·马援列传》,〔2020-02-26〕,https://ctext.org/hou-han-shu/ma-yuan-lie-zhuan/zh。

36 〔刘宋〕范晔:《后汉书·刘虞公孙瓒陶谦列传》,〔2020-02-26〕,https://ctext.org/hou-han-shu/liu-yu-gong-sun-zan-tao/zh。

37 〔唐〕杜佑:《通典·刑法八·峻酷》,〔2020-02-26〕,https://ctext.org/text.pl?node=562071&if=gb。

38 张恩迅、申玲玲:《瘴气、瘟疫与成瘾:地方社会变迁中槟榔食俗的传播与重构》,《民俗研究》2021年第1期,第89—104页。

39 陶宗仪 撰,李梦生 校:《南村辍耕录》,上海古籍出版社,2012,第184页。

40 〔清〕汪灏:《广群芳谱》,清康熙四十七年内府刻本,第5583页。

41 〔北宋〕苏轼:《咏槟榔》,〔2020-02-26〕,https://www.gushiwen.cn/gushi/。

42 〔西晋〕陈寿:《三国志·吴书七·步隲传》,〔2020-02-07〕,https://ctext.org/text.pl?node=604150&if=gb&remap=gb。

43 〔北魏〕贾思勰:《齐民要术·卷十》,四部丛刊景明钞本,第138页。

44 NGUYEN THI PHUONG TRAM(阮氏芳簪):《越南槟榔食俗及其意义阐释》,硕士学位论文,中央民族大学,2010年。

45 王元林、邓敏锐:《东南亚槟榔文化探析》,《世界民族》2005年第3期,第63—69页。

46 容媛:《东莞遗俗上所用的槟榔》,《民俗》1929年第43期。

47 〔北宋〕李昉、李穆、徐铉等:《太平御览·果部八·槟榔》,〔2020-02-29〕,https://ctext.org/text.pl?node=413029。

48 缪启愉、邱泽奇:《汉魏六朝岭南植物"志录"辑释》,农业出版社,1990,第 41 页。

49 〔北宋〕李昉、李穆、徐铉等:《太平御览·果部八·槟榔》,〔2020-02-29〕,https://ctext.org/text.pl?node=413029。

50 〔北宋〕李昉、李穆、徐铉等:《太平御览·果部十二·扶留》,〔2020-02-29〕,https://ctext.org/text.pl?node=413422&if=gb。

51 同上。

52 缪启愉、邱泽奇:《汉魏六朝岭南植物"志录"辑释》,农业出版社,1990,第 119—120 页。此处据《齐民要术》与《太平御览》合并修正校订为一篇。

53 杨秋:《东莞槟榔歌的缘起、功能及其民俗意义》,《岭南文史》2003 年第 2 期。

54 〔清〕屈大均:《广东新语·卷二十五·木语》,〔2020-02-29〕,https://ctext.org/wiki.pl?if=gb&chapter=253790#p54。

55 〔北宋〕李昉、李穆、徐铉等:《太平御览·果部八·槟榔》,〔2020-02-29〕,https://ctext.org/text.pl?node=413029&if=gb&remap=gb。

56 〔刘宋〕刘义庆:《世说新语·言语》,〔2020-02-29〕,https://ctext.org/shi-shuo-xin-yu/yan-yu/zhs。

57 〔东晋〕葛洪:《肘后备急方·卷四》,〔2020-02-29〕,https://ctext.org/wiki.pl?if=gb&chapter=147982&remap=gb。

58 〔北宋〕李昉、李穆、徐铉等:《太平御览·果部八·豆蔻》,〔2020-02-29〕,https://ctext.org/text.pl?node=413053&if=gb&remap=gb。

59 石声汉:《辑徐衷南方草物状》,农业出版社,1990,第 19 页。

60 郭硕:《六朝槟榔嚼食习俗的传播:从"异物"到"吴俗"》,《中南大学学报(社会科学版)》2016 年第 1 期。

61 〔唐〕李延寿:《南史·卷十五》,〔2020-02-29〕,https://ctext.org/wiki.pl?if=gb&chapter=94145。另,《太平御览》指明这段话出自《宋书》,然而《宋书·刘穆之传》中并无此段内容,应该是宋人编纂时误将《南史》记为《宋书》了。

62 〔唐〕李白:《玉真公主别馆苦雨赠卫尉张卿二首》,载〔清〕曹寅、彭定求等编《全唐诗·卷一百六十八》,〔2020-02-29〕,https://ctext.org/text.pl?node=137451&if=gb&remap=gb。

63 〔唐〕卢纶:《酬赵少尹戏示诸侄元阳等因以见赠》,载〔清〕曹寅、彭定求等编《全唐诗·卷二百七十七》,〔2020-02-29〕,https://ctext.org/text.pl?node=161895&if=gb&remap=gb。

64 ［唐］李延寿：《南史·卷五十九》，［2020-02-29］，https://ctext.org/wiki.pl?if=gb&chapter=360466。

65 ［南梁］萧绎：《金楼子·立言·立言下》，［2020-02-29］，https://ctext.org/jinlouzi/li-yan/li-yan-xia/zhs。

66 ［南梁］萧子显：《南齐书·卷二十二列传第三·豫章文献王》，［2020-02-29］，https://ctext.org/wiki.pl?if=gb&chapter=233039。

67 ［唐］欧阳询、令狐德棻等：《艺文类聚·卷八十七·果部下·槟榔》，［2020-02-29］，https://ctext.org/text.pl?node=549527&if=gb&remap=gb。

68 ［北宋］李昉、李穆、徐铉等：《太平御览·四夷部八·南蛮三·干陀利国》，［2020-02-29］，https://ctext.org/text.pl?node=399750&if=gb&remap=gb。

69 陈新雄：《古音研究》，五南图书出版有限公司，1999，第414页。

70 ［唐］欧阳询、令狐德棻等：《艺文类聚·卷八十七·果部下·槟榔》，［2020-02-29］，https://ctext.org/text.pl?node=549527&if=gb&remap=gb。

71 ［唐］李嘉祐：《送裴宣城上元所居》，载［清］曹寅、彭定求等编《全唐诗·卷二百零六》，［2020-02-29］，https://ctext.org/text.pl?node=144927&if=gb&remap=gb。

72 ［北魏］贾思勰：《齐民要术·卷十》，四部丛刊景明钞本，第137页。

73 ［北魏］杨衒之：《洛阳伽蓝记·卷第二》，［2020-06-09］，https://ctext.org/wiki.pl?if=gb&chapter=683498#p198。

74 ［唐］丘悦：《三国典略》，［2020-02-29］，https://ctext.org/wiki.pl?if=gb&chapter=712245&remap=gb。

75 ［唐］李延寿：《北史·卷二十四列传第十二》，［2020-02-29］，https://ctext.org/wiki.pl?if=gb&chapter=947292#p82。

76 ［唐］魏征：《隋书·卷十五志第十·音乐下》，［2020-02-29］，https://ctext.org/wiki.pl?if=gb&chapter=124338&remap=gb#p124。

77 葛剑雄：《葛剑雄写史：中国历史的十九个片断》，上海人民出版社，2015，第191—205页。

78 ［唐］魏征：《隋书·卷三十一志第二十六·地理下》，［2020-03-01］，https://ctext.org/wiki.pl?if=gb&chapter=274422#p43。

79 ［唐］孙元晏：《陈·淮水》，载［清］曹寅、彭定求等编《全唐诗·卷七百六十七》，［2020-03-01］，https://ctext.org/text.pl?node=256493&if=gb。

80 ［唐］杜佑：《通典·食货六·赋税下》，［2020-03-01］，https://ctext.org/text.pl?node=552413。

81 唐代刘恂所著《岭表录异》原书已轶，此据：［北宋］李昉、李穆、徐铉等：《太平御览·果部八·槟榔》，［2020-02-29］，https://ctext.org/text.

pl?node=413029。

82 唐代樊绰所著《云南记》原书已轶，此据：［北宋］李昉、李穆、徐铉
等：《太平御览·果部八·槟榔》，［2020-02-29］，https://ctext.org/text.
pl?node=413029。

第三章 八面玲珑的岭南异果：槟榔中的中国文化

1 ［南齐］陶弘景：《名医别录·中品·卷第二》，［2020-03-26］，https://
ctext.org/wiki.pl?if=gb&chapter=505586#p253。

2 ［明］李时珍：《本草纲目·卷三上》，清文渊阁四库全书本，第96页。

3 ［清］陈士铎：《本草新编·卷之四》，「2020-03-26」，https://ctext.org/wiki.
pl?if=gb&chapter=928109#p148。

4 高学敏：《中药学》，中国中医药出版社，2002，第327页。

5 ［清］赵古农：《龙眼谱（外二种）》，浙江人民美术出版社，2019，第46页。

6 ［刘宋］雷敩：《雷公炮炙论·中卷》，［2020-03-26］，https://ctext.org/wiki.
pl?if=gb&chapter=560326#p150。

7 ［唐］苏敬：《新修本草》，上海卫生出版社，1957，第134页。

8 ［明］吴有性：《温疫论·上卷》，［2021-04-26］，https://ctext.org/wiki.
pl?if=gb&chapter=959283。

9 葛剑雄：《中国人口发展史》，福建人民出版社，1991，第250页。

10 国家卫生健康委办公厅：《新型冠状病毒肺炎诊疗方案（试行第七版）》，
2020年3月3日印发，第17—18页。

11 刘书伟、王燕：《槟榔研究》，中国农业科学技术出版社，2015，第112—
127页。

12 同上，第132页。

13 同上，第143—147页。

14 ［南梁］僧伽婆罗译：《文殊师利问经·卷上·菩萨戒品第二》，CBETA中
华电子佛典协会，［2020-03-05］，http://cbetaonline.cn/zh/T0468_001。

15 ［唐］冥详：《大唐故三藏玄奘法师行状·卷一》(《大正新修大藏经》第
50册，第2052辑)，第216页，［2020-03-05］，https://cbetaonline.cn/zh/
T50n2052。

16 ［唐］普光：《俱舍论记·卷第十四·分别业品第四之二》，［2020-03-05］，
http://cbetaonline.cn/zh/T1821_014。

17 ［明］释弘赞：《四分戒本如释·卷第十一》，［2020-03-05］，http://
cbetaonline.cn/zh/X0717_011。

18 王富士:《槟榔与佛教》，载《"中央研究院"历史语言研究所集刊（第八十八本第三分）》，2017年9月。

19 佉卢文书，第77件，一段与骆驼商队有关的记载中出现了"我们已送出槟榔"字样。见 Thomas Burrow, *A Translation of the Kharosthi documents from Chinese Turkestan,* London: Royal Asiatic Soc., 1940, p.16。

20 ［唐］三藏沙门义净:《南海寄归内法传·卷第一·九受斋轨则》，［2020-03-06］，http://cbetaonline.cn/zh/T2125_001。

21 ［隋］灌顶:《国清百录·卷第二·陈吏部尚书毛喜书第二十》，［2020-03-06］，http://cbetaonline.cn/zh/T1934_002。

22 ［隋］灌顶:《国清百录·卷第一·至开阳门舍人陈建宗等宣少主口勅第十二》，［2020-03-06］，http://cbetaonline.cn/zh/T1934_001。

23 王富士:《槟榔与佛教》，载《"中央研究院"历史语言研究所集刊（第八十八本第三分）》，2017年9月。

24 ［唐］释道世:《法苑珠林·卷第六·感应缘·宋王胡》，［2020-03-06］，http://cbetaonline.cn/zh/T2122_006。

25 ［南宋］赜藏主:《古尊宿语录·卷第七·睦州禅师》，［2020-03-06］，http://cbetaonline.cn/zh/C1710_007。

26 ［北宋］释道原:《景德传灯录·卷第二十二》，［2020-03-06］，http://cbetaonline.cn/zh/T2076_022。

27 ［唐］元稹:《元氏长庆集·卷十七》，四部丛刊景明嘉靖本，第75页。

28 ［清］查慎行:《补注东坡编年诗·卷四十八古今体诗九十二首》，清文渊阁四库全书本，第925页。

29 ［清］查慎行:《补注东坡编年诗·卷三十九古今体诗七十四首》，清文渊阁四库全书本，第789页。

30 ［南宋］李纲:《梁溪集·卷二十四》，清文渊阁四库全书本，第169页。

31 ［南宋］李光:《庄简集·卷二》，清文渊阁四库全书本，第10页。

32 ［南宋］郑刚中:《北山集·卷二十一》，清文渊阁四库全书补配清文津阁四库全书本，第182页。

33 ［南宋］范成大:《石湖诗集·卷十六》，四部丛刊景清爱汝堂本，第106页。

34 ［南宋］朱熹:《晦庵集·卷三》，四部丛刊景明嘉靖本，第48页。

35 ［南宋］刘克庄:《后村集·卷三十六》，四部丛刊景旧钞本，第341页。

36 ［北宋］阮阅编:《诗话总龟·增修诗话总龟卷之三十五》，四部丛刊景明嘉靖本，第194页。

37 ［清］顾嗣立编:《元诗选·三集·卷十五》，清文渊阁四库全书本，第

2522 页。

38　［明］徐贲编：《北郭集・卷十・七言绝句联句》，四部丛刊三编景明成化刻本，第 69 页。

39　［清］屈大均编：《广东文选・卷二十九》，清康熙二十六年三阁书院刻本，第 652 页。

40　［明］汪广洋：《凤池吟稿・卷十》，明万历刻本，第 55 页。

41　［明］王鏊：《震泽集・卷八・诗》，清文渊阁四库全书本，第 94 页。

42　［明］唐胄：《正德琼台志・卷九・土产下》，明正德刻本，第 459 页。

43　［元］何中：《知非堂稿・卷六》，清初曹氏倦圃钞本，第 342 页。

44　［清］郑方坤编：《全闽诗话・卷六》，清乾隆诗话轩刻本，第 733 页。

45　［清］张玉书等：《佩文斋咏物诗选・卷三百八十一・槟榔类》，清康熙四十六年内府刻本，第 5909 页。

46　［明］唐胄：《正德琼台志・卷九・土产下》，明正德刻本，第 458 页。

47　［清］胡文学：《甬上耆旧诗・卷二十三》，清康熙十五年胡氏敬义堂刻本，第 1434 页。

48　［清］汪灏等：《御制佩文斋广群芳谱・卷六十七・果谱》，清康熙四十七年内府刻本，第 3705 页。

49　［元］陈孚：《陈刚中诗集・卷二》，明天顺四年沈琮刻本，第 68—69 页。

50　［明］卓人月、徐士俊：《古今词统・卷十》，明崇祯刻本，第 898 页。

51　［清］沈季友：《槜李诗系・卷三十八》，清康熙四十九年金南锳刻本，第 2814 页。

52　［明］祝允明：《怀星堂集・卷六》，明万历刻本，第 385 页。

53　［清］屈大均：《广东新语・卷二十五・木语》，［2020-03-14］，https:// ctext.org/wiki.pl?if=gb&chapter=253790。

54　丘逢甲：《岭云海日楼诗抄》，民国元年（1912 年）铅印本。

55　台湾公共卫生促进协会：《槟榔的历史》，［2020-03-14］，http://phlib.org.tw/highlight/%E6%AA%B3%E6%A6%94%E7%9A%84%E6%AD%B7%E5%8F%B2/。

56　王四达：《闽台槟榔礼俗源流略考》，《东南文化》1998 年第 2 期。

57　［清］郑方坤编：《全闽诗话・卷六》，清乾隆诗话轩刻本，第 1167 页。

58　梁启超：《乙丑重编饮冰室文集・卷七十八》，中华书局民国十五年（1926 年）排印本，第 8727 页。

59　［清］郑方坤编：《全闽诗话・卷六》，清乾隆诗话轩刻本，第 1160 页。

60　［清］陶元藻编：《全浙诗话・卷五十》，清嘉庆元年怡云阁刻本，第 2858 页。

61　［清］屈大均：《广东新语・卷二十五・木语》，［2020-03-14］，https://

ctext.org/wiki.pl?if=gb&chapter=253790。

62　[清]蒋毓英:《台湾府志·卷十·艺文志》,清康熙三十五年刻补版本,
第894页。

63　[清]汪森:《粤西丛载·卷二十》,清文渊阁四库全书本,第253页。

64　[南宋]周去非:《岭外代答·卷六》,清文渊阁四库全书本,第42页。

65　同上书,第52页。

66　[清]梁廷枏:《粤海关志·卷十二·税则五》,清道光广东刻本,第
839页。

67　[南宋]赵汝适:《诸蕃志·卷下》,清学津讨原本,第26页。

68　[清]屈大均:《广东新语·卷二十五·木语》,[2021-03-14],https://
ctext.org/wiki.pl?if=gb&chapter=253790。

69　陈光良:《海南经济史研究》,中山大学出版社,2004,第252页。

70　张治礼:《海南槟榔产业发展现状、存在问题与建议》,海南省人民政府,
政协提案,[2021-03-14],https://www.hainan.gov.cn/zxtdata-8337.html。

71　[南宋]罗大经:《鹤林玉露·丙编》,[2021-02-09],https://ctext.org/wiki.
pl?if=gb&chapter=539162。

72　[清]屈大均:《广东新语·卷二十五·木语》,[2020-03-14],https://
ctext.org/wiki.pl?if=gb&chapter=253790。

73　[清]赵古农:《龙眼谱(外二种)》,浙江人民美术出版社,2019,第47页。

74　[南宋]黄震:《黄氏日抄·卷六十七·读文集》,元后至元刻本,第
1256页。

75　[清]屈大均:《广东新语·卷二十五·木语》,[2020-03-14],https://
ctext.org/wiki.pl?if=gb&chapter=253790。

76　[清]赵古农:《龙眼谱(外二种)》,浙江人民美术出版社,2019,第47页。

77　[清]屈大均:《广东新语·卷十六·器语》,[2020-03-16],https://ctext.
org/wiki.pl?if=gb&chapter=790936。

78　张恩迅、申玲玲:《瘴气、瘟疫与成瘾:地方社会变迁中槟榔食俗的传播与
重构》,《民俗研究》2021年第1期,第89—104页。

79　[英]约翰·亨利·格雷:《广州七天》,李国庆、邓赛译,广东人民出版
社2019年版,第66页。

80　[英]格雷夫人:《广州来信》,邹秀英、李雯、王晓燕译,广东人民出版
社,2019,第56页。

81　延丰:《奏报到粤接印任事日期事》,中国第一历史档案馆,档号04-01-35-
0362-028。

82　阿克当阿:《奏报接收库贮钱粮数目事》,中国第一历史档案馆,档号04-

01-35-0363-023。

83　[清]王庆云：《石渠余纪·卷四》，清光绪十六年龙璋刻本，第 116 页。

84　[清]梁绍壬：《两般秋雨盦随笔·卷七》，清道光振绮堂刻本，第 211 页。

85　[清]曹雪芹：《红楼梦·第六十四回》，清康熙五十六年萃文书屋活字印本（程甲本），第 493 页。

86　唐鲁孙：《酸甜苦辣咸》，广西师范大学出版社，2013，第 35—40 页。

87　[清]唐晏：《庚子西行纪事》，民国刻求恕斋丛书本，第 19 页。

88　[清]吴敬梓：《儒林外史·第四十二回》，清嘉庆八年新镌卧闲草堂本，第 269 页。

89　[南唐]李煜：《一斛珠·晓妆初过》，载[清]曹寅、彭定求等编《全唐诗·卷八百八十九》，清文渊阁四库全书本，第 5905 页。

90　[南齐]僧伽跋陀罗译：《善见律毗婆沙·卷十二》，[2020-04-29]，http://cbetaonline.dila.edu.tw/zh/T1462_012。

91　[清]曹雪芹：《红楼梦·第六十四回》，清乾隆五十六年萃文书屋活字印本（程甲本），第 493 页。

92　容媛：《东莞遗俗上所用的槟榔》，《民俗》1929 年第 43 期。

93　容媛：《槟榔的历史》，《民俗》1929 年第 43 期。

94　吴盛枝：《中越槟榔食俗文化的产生与流变》，《广西民族学院学报（哲学社会科学版）》2005 年第 S1 期。

第四章　八亿人的沉迷：槟榔在当代的衰与兴

1　数据源：联合国粮食及农业组织，[2020-03-28]，http://www.fao.org/faostat/en/#data/QC。

2　Kees Klein Goldewijk, Arthur Beusen, G. van Drecht et al.,"The HYDE 3.1 spatially explicit database of human induced global land use change over the past 12,000 years,"*Global Ecology & Biogeography*, 2011, 20(1), pp. 73-86.

3　Ping-Ho Chen, Qaisar Mahmood, Gian Luigi Mariottini, et al., "Adverse Health Effects of Betel Quid and the Risk of Oral and Pharyngeal Cancers," *BioMed Research International,* 2017, retrieved at 2020/03/28, https://doi.org/10.1155/2017/3904098.

4　Shannon Lange, Charlotte Probst, Jürgen Rehm, Svetlana Popova, "National, regional, and global prevalence of smoking during pregnancy in the general population: A systematic review and meta-analysis," *Lancet Global Health,* 2018, 6(7), retrieved at 2020/03/28, http://dx.doi.org/10.1016/S2214-109X(18)30223-7.

5   James Rogers, "Apollo 11 astronaut Michael Collins recalls drinking coffee during 'lonely' Moon landing orbit, "*Fox News*, 2019/07/17, retrieved at 2020/03/28, https://www.foxnews.com/science/apollo-11-astronaut-michael-collins-coffee.

6   〔美〕戴维·考特莱特:《上瘾五百年:烟、酒、咖啡和鸦片的历史》,薛绚译,中信出版社,2014,第66—70页。

7   Pfaffmann, Carl, *Human sensory reception*, Britannica, [2021-11-07], https://www.britannica.com/science/human-sensory-reception.

8   〔美〕戴维·考特莱特:《上瘾五百年:烟、酒、咖啡和鸦片的历史》,薛绚译,中信出版社,2014,第68页。

9   同上书,第83页。

10 Taras Grescoe, *The Devil's Picnic: Travels Through the Underworld of Food and Drink*, Bloomsbury Publishing, 2008, pp.348-349.

11 Tabor, J. W. S., "Officinal and Other Synonyms of Tobacco," *The Boston Med Surgeon Journal,* 1844, 30, pp. 396-399, retrieved at 2020/04/01, https://doi.org/10.1056/NEJM184406190302004.

12 Thomas A. Wexler, *Tobacco: From Miracle Cure to Toxin*, Yale Global Online Magazine. MacMillan Center, retrieved at 2020/04/01, https://yaleglobal.yale.edu/tobacco-miracle-cure-toxin.

13 Steve Luck, *The Complete Guide to Cigars: An Illustrated Guide to the World's Finest Cigars*, Bath, UK: Parragon, p. 13.

14 Eric Burns, *The Smoke of the Gods: A Social History of Tobacco*, Philadelphia: Temple University Press, 2007, p.95.

15 〔日〕川床邦夫:《中国烟草的世界》,张静译,商务印书馆,2011,第8—11、95—97页。

16 〔明〕姚旅:《露书·卷十》,明天启刻本,第189页。

17 彭维斌:《从外来物到原生物——台湾原住民烟草文化的人类学考察》,《古今农业》2014年第2期。

18 Revenue of British American Tobacco worldwide from 2013 to 2020, [2021-11-07], https://www.statista.com/statistics/500230/global-revenue-of-british-american-tobacco/.

19 World GDP Ranking, [2021-11-07], https://statisticstimes.com/economy/world-gdp-ranking.php.

20 张微、兰燕、邓冰等:《嚼食槟榔的成瘾性:研究状况及可能机制》,《中国药物依赖性杂志》2016年第6期。

21 [英] 罗伊·莫克塞姆:《茶：嗜好、开拓与帝国》，毕小青译，生活·读书·新知三联书店，2015，第23—26页。

22 [清] 梁廷枏:《粤海关志·卷十三》，清道光广东刻本，第155页。

23 蒋祖缘、方志钦:《简明广东史》，广东人民出版社，1987，第387页。

24 [清] 夏燮:《中西纪事·第三卷》，北京大学图书馆藏书，China-America Digital Academic Library (CADAL)，第48—49页。

25 Kate Lowe, Eugene McLaughlin,"'Caution! The bread is poisoned': The Hong Kong mass poisoning of January 1857," *The Journal of Imperial and Commonwealth History*. 2015, 43 (2), pp. 189–209.

26 郑爽:《英法联军占领时期的广州（1857—1861）》，硕士学位论文，暨南大学，2010年，第62页。

27 郭联志:《闽东南的嚼槟榔习俗》，《闽台文化交流》2006年第1期，第143—144页。

28 王四达:《闽台槟榔礼俗源流略考》，《东南文化》1998年第2期；陈光良:《海南槟榔经济的历史考察》，《农业考古》2006年第4期。

29 [美] 戴维·考特莱特:《上瘾五百年：烟、酒、咖啡和鸦片的历史》，薛绚译，中信出版社，2014，第18页。

30 据《湘潭县志·卷二十五》，乾隆二十一年刻本。

31 转引自丁世良等:《中国地方志民俗资料汇编》中南卷上，书目文献出版社，1990，第492页。

32 刘倩:《让湖南人戒槟榔，难》，载《商业人物》，[2020-05-17]，https://www.thepaper.cn/newsDetail_forward_3267959。

33 张恩迅:《成瘾性食品的社会生命史研究：以湘潭槟榔为中心的考察》，《文化遗产》2020年第3期，第82—90页。

34 表中地名参照清嘉庆二十五年（1820年）地图。地图来源：谭其骧:《中国历史地图集——清时期》，中国地图出版社，1987，第3—4页。

35 容闳:《西学东渐记》，徐凤石、恽铁樵等译，生活·读书·新知三联书店，2011，第39页。

36 [清] 陈嘉榆、王闿运等:《湘潭县志·卷十一·货殖》，光绪十五年刻本，第284页。

37 [清] 陈嘉榆、王闿运等:《湘潭县志·卷四下·山水》，光绪十五年刻本，第375页。

38 金观涛、刘青峰:《兴盛与危机——论中国封建社会的超稳定结构》，湖南人民出版社，1984，第193页。

39 周大鸣、李静玮:《地方社会孕育的习俗传说——以明清湘潭食槟榔起源故事为例》，《民俗研究》2013 年第 2 期。

40　张恩迅：《成瘾性食品的社会生命史研究：以湘潭槟榔为中心的考察》，《文化遗产》2020 年第 3 期，第 82—90 页。

41　湘潭文史资料委员会：《湘潭文史》，第十二辑，第 149 页。

42　陈曾寿：《苍虬阁诗》，文海出版社，1977，第 85—86 页。

43　［明］宋诩、宋公望：《竹屿山房杂部·卷六》，［2020-05-01］，https://ctext.org/wiki.pl?if=gb&chapter=143494&remap=gb#p100。

44　陈赓雅：《赣皖湘鄂视察记》，申报月刊社，1934，第 60—61 页。

45　［法］克洛德·列维-斯特劳斯：《神话学：餐桌礼仪的起源》，周昌忠译，中国人民大学出版社，2007，第 485 页。

46　［清］屈大均：《广东新语·卷二十五·木语》，［2020-03-14］，https://ctext.org/wiki.pl?if=gb&chapter=253790。

47　湘潭市地方志编纂委员会：《湘潭市志·第一册》，中国文史出版社，1997，第 342 页。

48　周大鸣、李静玮：《地方社会孕育的习俗传说——以明清湘潭食槟榔起源故事为例》，《民俗研究》2013 年第 2 期。

49　赖彦辉、郭冠良、赖建仲等：《槟榔与健康》，《基层医学》2008 年第 11 期。

50　维基百科，槟榔西施，［2020-06-02］，https://www.so.wiiaa.top/wiki/%E6%AA%B3%E6%A6%94%E8%A5%BF%E6%96%BD。

51　杨孟瑜：《槟榔西施与“三不”政策》，BBC 中文网，2002 年 9 月 30 日，［2020-06-02］，http://news.bbc.co.uk/hi/chinese/china_news/newsid_2288000/2288952.stm。

52　世界银行，The World Bank，2002 年 9 月 30 日，［2020-06-03］，https://datatopics.worldbank.org/world-development-indicators/。

53　周大鸣：《湘潭槟榔的传说与际遇》，《文化遗产》2020 年第 3 期。

54　同上。

55　张恩迅：《成瘾性食品的社会生命史研究：以湘潭槟榔为中心的考察》，《文化遗产》2020 年第 3 期，第 82—90 页。

56　同上。

57　湘潭市人民政府门户网站，《关于对〈湘潭市人民政府关于支持槟榔产业 8 续健康发展若干政策的意见〉的政策解读》，2017 年 5 月 19 日，［2021-02-26］，http://www.xiangtan.gov.cn/109/202/206/207/content_47265.html。

58　王明寿、庄志雄：《槟榔的“三致”作用》，《预防医学情报杂志》1988 年第 6 期。翦新春、刘蜀凡、沈子华等：《口腔粘膜下纤维性变的临床研究》，《中华口腔医学杂志》1989 年第 5 期。

59 IARC Monography, Betel Quid and Areca Nut, retrieved at 2021/02/05, https://monographs.iarc.who.int/wp-content/uploads/2018/06/mono100E-10.pdf.

60 国家药品监督管理局:《世界卫生组织国际癌症研究机构致癌物清单》,〔2021-02-05〕, https://www.nmpa.gov.cn/xxgk/mtbd/20171030163101383.html。

61 央视网:《嚼出的癌症·湖南:口腔癌高发,患者多爱嚼槟榔》,2013 年 7 月 14 日 23:37,〔2021-02-05〕, http://tv.cctv.com/2013/07/14/VIDE1373816159052445.shtml。

62 百度搜索指数,2021 年 2 月 21 日搜索结果, http://zhishu.baidu.com/v2/main/index.html#/trend/%E6%A7%9F%E6%A6%94?words=%E6%A7%9F%E6%A6%94。

63 资料来源:中央电视台财经频道 2013 年 9 月 22 日《经济信息联播》。2021 年 2 月 23 日,在 CCTV 节目官网上,相关节目已经删除,但《经济信息联播》节目的官方微博还留有当时发布的内容信息,〔2021-02-10〕, https://weibo.com/cctv2jjxxlb?is_all=1&is_search=1&key_word=%E6%A7%9F%E6%A6%94#_rnd1614059364443。

64 时代周报:《中国槟榔产业:成瘾性推动消费 产值超百亿》,2013 年 10 月 17 日,〔2021-02-24〕, http://finance.sina.com.cn/chanjing/cyxw/20131017/102317021913.shtml。

65 搜狐·财经记:《槟榔:一枚撬动超百亿大产业的小青果》,2020 年 8 月 26 日,〔2021-02-24〕, https://www.sohu.com/a/75620864_119344。

66 周南:《被叫停的槟榔广告》,载《中国市场监管报》,2019 年 3 月 21 日,〔2021-02-10〕, http://www.samr.gov.cn/ggjgs/sjdt/gzdt/201903/t20190321_292234.html。

67 数据源为台湾卫生福利部门发布的 2017 年台湾民众健康访问调查报告,〔2021-04-13〕, https://www.hpa.gov.tw/Pages/Detail.aspx?nodeid=363&pid=10523。

68 均为 2020 年数据。中国海南数据根据《海南统计年鉴(2021)》第 287 页数据计算而得(总产量除以收获面积),其余数据来自联合国粮食与农业组织统计数据库。

69 中国政策科学研究会槟榔产业安全课题组:《破解槟榔产业困局的对策研究》,中国政策科学研究会,〔2021-02-28〕, https://www.zgzcyj.com/?p=90&a=view&r=411;海南省统计局、国家统计局海南调查总队编:《海南统计年鉴(2020)》,中国统计出版社,2020,〔2021-02-28〕, http://stats.hainan.gov.cn/tjj/tjsu/ndsj/2020/202010/P020220114631803716641.zip。

70 尹晓敏、黄琰、高义军等:《长沙地区 2749 例体检者咀嚼槟榔及口腔粘膜下纤维性变患病情况调查分析》,《实用预防医学》2007 年第 3 期。

71　萧福元、桂卓嘉、袁晟等:《湘潭市城区居民咀嚼槟榔情况及其对健康的影响》,《实用预防医学》2010 年第 10 期。

72　周洋、陈明莉、徐晓咪等:《三亚驻地部队官兵咀嚼槟榔及口腔黏膜下纤维化发病情况调查》,《海军医学杂志》2014 年第 2 期。

73　湘潭市人民政府门户网站:《关于对〈湘潭市人民政府关于支持槟榔产业持续健康发展若干政策的意见〉的政策解读》,2017 年 5 月 19 日,〔2021-02-26〕,http://www.xiangtan.gov.cn/109/202/206/207/content_47265.html。

74　上海证券报·中国证券网:《2019 年烟草行业税利总额和上缴财政总额创历史最高水平》,2020 年 3 月 1 日,〔2021-02-26〕,http://news.cnstock.com/news,bwkx-202003-4497156.htm。

75　中华人民共和国中央人民政府:《2019 年财政收支情况网上新闻发布会文字实录》,2020 年 2 月 10 日,〔2021-10-27〕,http://www.gov.cn/xinwen/2020-02/10/content_5476909.htm。

参考文献

本书参考文献分为六大类排列：古代中文文献、现代中文著作、现代中文期刊、中文论文、英文文献、网络资料。古代中文文献按朝代顺序排列，现代中文文献按作者姓名拼音首字母顺序排列。古代中文文献和现代中文文献之分界点为1912年1月1日，外版著作的中译本皆列入现代中文著作。英文参考文献按作者姓氏首字母顺序排列。网络资料不分中英文，以中文首字拼音顺序排列。

一、古代中文文献

［西汉］刘安，《淮南子》

［西汉］司马迁，《史记》

［东汉］王充，《论衡》

［东汉］班固，《汉书》

［东汉］张仲景，《金匮要略》

［西晋］陈寿，《三国志》

［东晋］法显，《佛国记》

［东晋］葛洪，《肘后备急方》

［刘宋］刘义庆，《世说新语》

［刘宋］范晔，《后汉书》

［刘宋］雷敩，《雷公炮炙论》

［南齐］僧伽跋陀罗，《善见律毗婆沙》

［南齐］陶弘景，《名医别录》

［南梁］僧伽婆罗，《文殊师利问经》

［南梁］萧子显，《南齐书》

［南梁］萧绎，《金楼子》

［北魏］郦道元，《水经注》

［北魏］杨衒之，《洛阳伽蓝记》

［北魏］贾思勰，《齐民要术》

［隋］灌顶，《国清百录》

［唐］义净，《南海寄归内法传》

［唐］魏征，《隋书》

［唐］李延寿，《北史》

［唐］李延寿，《南史》

［唐］丘悦，《三国典略》

［唐］元稹，《元氏长庆集》

［唐］刘恂，《岭表录异》

［唐］普光，《俱舍论记》

［唐］杜佑，《通典》

［唐］欧阳询、令狐德棻 等，《艺文类聚》

［唐］冥详，《大唐故三藏玄奘法师行状》

［唐］释道世，《法苑珠林》

［唐］阙名，《三辅黄图》

［北宋］李昉、李穆、徐铉 等，《太平御览》

［北宋］苏轼，《东坡全集》

［北宋］释道原，《景德传灯录》

［北宋］阮阅，《诗话总龟》

［南宋］李光，《庄简集》

［南宋］李纲，《梁溪集》

［南宋］郑刚中，《北山集》

［南宋］刘克庄，《后村集》

［南宋］周去非，《岭外代答》

［南宋］朱熹，《晦庵集》

［南宋］罗大经，《鹤林玉露》

［南宋］范成大，《石湖诗集》

［南宋］颐藏主，《古尊宿语录》

［南宋］赵汝适，《诸蕃志》

［南宋］黄震，《黄氏日抄》

［元］何中，《知非堂稿》

［元］陈孚，《陈刚中诗集》

［明］汪广洋，《凤池吟稿》

［明］李时珍，《本草纲目》

［明］卓人月、徐士俊，《古今词统》

［明］唐胄，《正德琼台志》

［明］姚旅，《露书》

［明］宋讷、宋公望，《竹屿山房杂部》

［明］徐贲，《北郭集》

［明］王鏊，《震泽集》

［明］祝允明，《怀星堂集》

［明］释弘赞，《四分戒本如释》

［清］屈大均，《广东文选》

［清］屈大均，《广东新语》

［清］陈訏，《宋十五家诗选》

［清］张玉书 等，《佩文斋咏物诗选》

［清］汪灏 等，《广群芳谱》

［清］曹寅、彭定求 等，《全唐诗》

［清］蒋毓英，《（康熙）台湾府志》

［清］曹雪芹，《红楼梦》

［清］查慎行，《补注东坡编年诗》

［清］梁绍壬，《两般秋雨盦随笔》

［清］汪森，《粤西丛载》

［清］吴敬梓，《儒林外史》

［清］沈季友，《槜李诗系》

［清］王庆云，《石渠余纪》

［清］胡文学，《甬上耆旧诗》

［清］赵古农，《槟榔谱》

［清］郑方坤，《全闽诗话》

［清］欧阳正焕、吕正音，《（乾隆）湘潭县志》

［清］陈士铎，《本草新编》

［清］顾嗣立，《元诗选》

［清］陈嘉榆、王闿运 等，《（光绪）湘潭县志》

［清］六十七，《番社采风图考》

［清］梁廷枏，《粤海关志》

［清］唐晏，《庚子西行纪事》

［清］夏燮，《中西纪事》

［清］李鸿章，《试办招商轮船折》

二、现代中文著作

［1］陈赓雅.赣皖湘鄂视察记［M］.上海：申报月刊社，1934.

［2］陈光良.海南经济史研究［M］.广州：中山大学出版社，2004.

［3］陈新雄.古音研究［M］.台北：五南图书出版有限公司，1999.

［4］［日］川床邦夫.中国烟草的世界［M］.张静，译.北京：商务印书馆，2011.

［5］［美］戴维·考特莱特.上瘾五百年：烟、酒、咖啡和鸦片的历史［M］.薛绚，译.北京：中信出版社，2014.

［6］高学敏.中药学［M］.北京：中国中医药出版社，2002.

［7］［英］格雷夫人.广州来信［M］.邹秀英，李雯，王晓燕，译.广州：广东人民出版社，2019.

［8］葛剑雄.葛剑雄写史：中国历史的十九个片断［M］.上海：上海人民出版社，2015.

［9］蒋祖缘，方志钦.简明广东史［M］.广州：广东人民出版社，1987.

［10］金观涛，刘青峰.兴盛与危机——论中国封建社会的超稳定结构［M］.长沙：

湖南人民出版社，1984.

［11］克洛德·列维-斯特劳斯.神话学：餐桌礼仪的起源［M］.周昌忠，译.北京：中国人民大学出版社，2007.

［12］梁启超.乙丑重编饮冰室文集·卷七十八［M］.上海：中华书局，民国十五年（1926）.

［13］刘书伟，王燕.槟榔研究［M］.北京：中国农业科学技术出版社，2015.

［14］［英］罗伊·莫克塞姆.茶：嗜好、开拓与帝国［M］.毕小青，译.北京：生活·读书·新知三联书店，2015.

［15］丘逢甲.岭云海日楼诗抄［M］.民国元年（1912）.

［16］容闳.西学东渐记［M］.徐凤石，恽铁樵，等译.北京：生活·读书·新知三联书店，2011.

［17］谭其骧.中国历史地图集·第八册·清时期［M］.北京：中国地图出版社，1987.

［18］唐鲁孙.酸甜苦辣咸［M］.桂林：广西师范大学出版社，2013.

［19］［英］约翰·亨利·格雷.广州七天［M］.李国庆，邓赛，译.广州：广东人民出版社，2019.

三、现代中文期刊

［1］陈光良.海南槟榔经济的历史考察［J］.农业考古，2006（4）：185-190.

［2］广州市文物博物馆学会"南越史研究小组".《赵佗与南越国——关于赵佗入越几个问题的思考［J］.广州文博，2010（1）：1-23，390.

［3］郭硕.六朝槟榔嚼食习俗的传播：从"异物"到"吴俗"［J］.中南大学学报（社会科学版），2016（1）：226-233.

［4］蔺新春，刘蜀凡，沈子华，等.口腔粘膜下纤维性变的临床研究［J］.中华口腔医学杂志，1989（5）：299-302，319.

［5］赖彦辉.郭冠良，赖建仲，等.槟榔与健康［J］.基层医学，2008（11）：343-347.

［6］李亦园.东南亚民族与文化——写在东南亚艺术展之前［J］.艺术家，1980（8）：43-48.

［7］连照美.台湾东部新石器时代卑南文化［J］.历史月刊，1989（21）：94-101.

[8] 梁钊韬.西瓯族源初探[J].学术研究,1978(1):129-135.

[9] 林惠祥.南洋马来族与华南古民族的关系[J].厦门大学学报(哲学社会科学版),1958(1):189-213,215-221,223-234.

[10] 凌纯声.南洋土著与中国古代百越民族[J].学术季刊,1954(3):34-46.

[11] 彭维斌.从外来物到原生物——台湾原住民烟草文化的人类学考察[J].古今农业,2014(2):72-80.

[12] 容媛.槟榔的历史[J].民俗,1929(43).

[13] 容媛.东莞遗俗上所用的槟榔[J].民俗,1929(43).

[14] 宋亦箫."番禺"得名于"蕃商侨寓"考[J].中山大学学报(社会科学版),2019(1):73-77.

[15] 王富士.槟榔与佛教[J]."中央研究院"历史语言研究所集刊(第八十八本第三分),2017:455,462-468.

[16] 王明寿,庄志雄.槟榔的"三致"作用[J].预防医学情报杂志,1988(6):330-334,387.

[17] 王四达.闽台槟榔礼俗源流略考[J].东南文化,1998(2):52-57.

[18] 王玉清,陈值.陕西韩城芝川汉扶荔宫遗址的发现[J].考古,1961(3):123-126.

[19] 吴盛枝.中越槟榔食俗文化的产生与流变[J].广西民族学院学报(哲学社会科学版),2005(S1):24-26.

[20] 萧福元,桂卓嘉,袁晟,等.湘潭市城区居民咀嚼槟榔情况及其对健康的影响[J].实用预防医学,2010(10):1943-1946.

[21] 杨秋.东莞槟榔歌的缘起、功能及其民俗意义[J].岭南文史,2003(2):39-43.

[22] 杨式挺.试从考古发现探索百越文化源流的若干问题[J].学术研究,1982(1):105-112.

[23] 尹晓敏,黄琰,高义军,等.长沙地区2749例体检者咀嚼槟榔及口腔粘膜下纤维性变患病情况调查分析[J].实用预防医学,2007(3):715-716.

[24] 张春江,吕飞杰,陶海腾.槟榔活性成分及其功能作用的研究进展[J].中国食物与营养,2008(6):50-53.

[25] 张微,兰燕,邓冰,等.嚼食槟榔的成瘾性:研究状况及可能机制[J].

中国药物依赖性杂志，2016 年（6）：505-507，512.

［26］郑绍宗.河北宣化辽张文藻壁画墓发掘简报［J］.文物，1996（9）：14-48.

［27］周大鸣，李静玮.地方社会孕育的习俗传说——以明清湘潭食槟榔起源故事为例［J］.民俗研究，2013（2）：69-78.

［28］周大鸣.湘潭槟榔的传说与际遇［J］.文化遗产，2020（3）：72-81.

［29］周洋，陈明莉，徐晓咪，等.三亚驻地部队官兵咀嚼槟榔及口腔黏膜下纤维化发病情况调查［J］.海军医学杂志，2014（2）：93-95，98.

四、中文论文

［1］刘育玲.台湾原住民族矮人传说研究［D］.中国台湾：台湾东华大学，2015.

［2］郑爽.英法联军占领时期的广州（1857—1861）［D］.广州：暨南大学，2010.

五、英文文献

[1] Alexander W. *A Chinese Peasant Selling Betel*, UK: National Gallery of Art, 1793/1794.

[2] Bellwood P. The Austronesian Dispersal and the Origins of Languages, *Scientific American*, 1991.

[3] Burns E. *The Smoke of the Gods: A Social History of Tobacco*, Philadelphia: Temple University Press, 2007.

[4] Chandra R de Silva. *Portuguese Encounters with Sri Lanka and the Maldives: Translated Texts from the Age of the Discoveries*, London: Routledge, 2017.

[5] Chen Ping-Ho, Mahmood Q, Mariottini G L, et al. Adverse Health Effects of Betel Quid and the Risk of Oral and Pharyngeal Cancers, *BioMed Research International,* 2017.

[6] Garcia de Orta, footnote 4.0 4.1 in *The Travels of Marco Polo*/Book 3/Chapter 21, Library of Alexandria.

[7] Goldewijk K, Beusen A, van Drecht G, et al. The HYDE 3.1 spatially explicit

database of human induced global land use change over the past 12,000 years, *Global Ecology & Biogeography*, 2011, 20(1).

[8] Goodenough W H. Prehistoric Settlement of the Pacific, *Transctions of the American Philosophical Society*, 1996, 86, Part 5.

[9] Grescoe T. *The Devil's Picnic: Travels Through the Underworld of Food and Drink*, Bloomsbury Publishing, 2008.

[10] James E T. *An Account on the Island, Physical, Historical, and Topographical with Notices of its Natural History, Antiquities and Productions*, Volume 1(of 2), London, Longman, Green, Longman & Roberts, 2004.

[11] Lange S, Probst C, Rehm J, Popova S. National, regional, and global prevalence of smoking during pregnancy in the general population: a systematic review and meta-analysis. *Lancet Global Health*, 2018, 6(7) . http://dx.doi.org/10.1016/ S2214-109X(18)30223-7.

[12] Lewin L. *Phantastica: A Classic Survey on the Use and Abuse of Mind-Altering Plants*, New York: Simon and Schuster, 1998.

[13] Lowe K, McLaughlin E. 'Caution! The bread is poisoned': The Hong Kong mass poisoning of January 1857, *The Journal of Imperial and Commonwealth History*. 2015, 43 (2).

[14] Luck S. *The Complete Guide to Cigars: An Illustrated Guide to the World's Finest Cigars*, Bath, UK: Parragon.

[15] Mahāvaṃsa: the Great Chronicle of Sri Lanka. chapter one to thrity-seven. An annotated new transl. with prolegomena by A. W. P. Guruge. Associated *Newspapers of Ceylon*, Colombo,1989.

[16] Marco P P. *The Travels of Marco Polo*, Library of Alexandria.

[17] Pawley A. "The Austronesian dispersal: languages, technologies and people". In Bellwood P.S., Renfrew C. (eds.). *Examining the farming/language dispersal hypothesis*. McDonald Institute for Archaeological Research, University of Cambridge, 2002.

[18] Raghavan V, Baruah H K. Arecanut: India's popular masticatory–History, chemistry and utilization. *Economic Botany*, 1958 (12).

[19] Rogers J. *Apollo 11 astronaut Michael Collins recalls drinking coffee during 'lonely' Moon landing orbit*, Fox News, 2019/07/17.

[20] Rooney D F. *Betel chewing traditions in South-East Asia*, Oxford University Press, 2008.

[21] Tabor S J W. Officinal and Other Synonyms of Tobacco, *Boston Med Surgeon Journal*, 1844, 30, pp. 396-399, https://doi.org/10.1056/NEJM184406190302004.

[22] The Public Diplomacy Division. *Encyclopedia of India - China Cultural Contacts*, New Delhi: MaXposure Media Group, 2014.

[23] Waines D. *The Odyssey of Ibn Battuta: Uncommon Tales of a Medieval Adventurer*, London: Bloomsbury Publishing, 2010.

[24] Wexler T A. *Tobacco: From Miracle Cure to Toxin*, Yale Global Online Magazine. MacMillan Center.

[25] Zumbroich T J. The origin and diffusion of betel chewing: a synthesis of evidence from South Asia, Southeast Asia and beyond, *E-Journal of Indian Medicine*, 2008, 1(3).

六、网络资料

CBETA 中华电子佛典协会，http://cbetaonline.cn。

CCTV 节目官网，http://tv.cctv.com。

爱如生典海中国基本古籍库，http://dh.ersjk.com。

百度指数，http://zhishu.baidu.com。

谷歌艺术与文化（Google Arts and Culture），http://artsandculture. google.com/。

故宫博物院，http://www.dpm.org.cn。

国家市场监督管理总局，http://www.samr.gov.cn。

国家卫生健康委员会，http://www.nhc.gov.cn。

国家药品监督管理局，http://www.nmpa.gov.cn。

海南省人民政府，http://www.hainan.gov.cn。

海南省统计局，http://stats.hainan.gov.cn。

莱顿大学图书馆电子文库（Leiden University Libraries Digital Collections），http://digitalcollections.universiteitleiden.nl。

联合国粮食及农业组织–综合数据库［UN Food and Agriculture Organization, Corporate

Statistical Database (FAOSTAT)〕，http://www.fao.org/faostat/en/#data/QC。

澎湃新闻，http://www.thepaper.cn。

上下游，News&Market，http://www.newsmarket.com.tw。

世界银行世界发展指数〔The World BankWorld Development Indicators (WDI)〕，
http://data.worldbank.org。

史密森学会网络杂志（Smithsonian Magazine），http://www.smithsonianmag.com。

台湾公共卫生促进协会，http://phlib.org.tw。

维基百科（Wikipedia），http://www.wikipedia.org。

西汉南越王博物馆（现南越王博物院），http://www.gznywmuseum.org。

湘潭市人民政府，http://www.xiangtan.gov.cn。

中国第一历史档案馆，http://www.lsdag.com。

中国哲学书电子化计划（Chinese Text Project），http://ctext.org。

上海证券报·中国证券网，http://news.cnstock.com。

中国政策科学研究会，http://www.zgzcyj.com。